U0003211

高說服力
的
文案寫作心法

為什麼你的文案沒有效？
教你潛入顧客內心世界，
寫出真正能銷售的必勝文案！

2nd Edition

PERSUASIVE
COPYWRITING

Cut Through the Noise and
Communicate with Impact

ANDY
MASLEN

安迪‧麥斯蘭——著　　　　　　　　　譯——李靈芝

經營管理 165

高說服力的文案寫作心法

為什麼你的文案沒有效？教你潛入顧客內心世界，
寫出真正能銷售的必勝文案！

作　　　者	安迪・麥斯蘭（Andy Maslen）	
譯　　　者	李靈芝	
責 任 編 輯	林博華	
行 銷 業 務	劉順眾、顏宏紋、李君宜	

總　編　輯　林博華
發　行　人　涂玉雲
出　　　版　經濟新潮社
　　　　　　104台北市中山區民生東路二段141號5樓
　　　　　　電話：（02）2500-7696　傳真：（02）2500-1955
　　　　　　經濟新潮社部落格：http://ecocite.pixnet.net
發　　　行　英屬蓋曼群島商家庭傳媒股份有限公司城邦分公司
　　　　　　104台北市中山區民生東路二段141號11樓
　　　　　　客服服務專線：02-25007718；25007719
　　　　　　24小時傳真專線：02-25001990；25001991
　　　　　　服務時間：週一至週五上午09:30~12:00；下午13:30~17:00
　　　　　　劃撥帳號：19863813　戶名：書虫股份有限公司
　　　　　　讀者服務信箱：service@readingclub.com.tw
香港發行所　城邦（香港）出版集團有限公司
　　　　　　香港灣仔駱克道193號東超商業中心1樓
　　　　　　電話：852-25086231　傳真：852-25789337
　　　　　　E-mail: hkcite@biznetvigator.com
馬新發行所　城邦（馬新）出版集團Cite（M）Sdn. Bhd.（458372 U）
　　　　　　41, Jalan Radin Anum, Bandar Baru Sri Petaling,
　　　　　　57000 Kuala Lumpur, Malaysia.
　　　　　　電話：（603）90578822　傳真：（603）90576622
　　　　　　E-mail: cite@cite.com.my
印　　　刷　漾格科技股份有限公司
初 版 一 刷　2020年12月24日
初 版 二 刷　2021年1月13日

城邦讀書花園
www.cite.com.tw

ISBN：978-986-99162-9-5

定價：450元　　　　　　　　　　　　Printed in Taiwan

〈出版緣起〉

我們在商業性、全球化的世界中生活

經濟新潮社編輯部

　　跨入二十一世紀，放眼我們這個世界，不能不感到這是「全球化」及「商業力量無遠弗屆」的時代。隨著資訊科技的進步、網路的普及，我們可以輕鬆的和認識或不認識的朋友交流；同時，企業巨人在我們日常生活中所扮演的角色，也是日益重要，甚至不可或缺。

　　在這樣的背景下，我們可以說，無論是企業或個人，都面臨了巨大的挑戰與無限的機會。

　　本著「以人為本位，在商業性、全球化的世界中生活」為宗旨，我們成立了「經濟新潮社」，以探索未來的經營管理、經濟趨勢、投資理財為目標，使讀者能更快掌握時代的脈動，抓住最新的趨勢，並在全球化的世界裡，過更人性的生活。

　　而之所以選擇「**經營管理—經濟趨勢—投資理財**」為主要目標，其實包含了我們的關注：「經營管理」是企業體（或非營利組織）的成長與永續之道；「投資理財」是個人的安身之道；而「經濟趨勢」則是會影響這兩者的變數。綜合來看，可以涵蓋我們所關注的「個人生活」和「組織生活」這兩個面向。

　　這也可以說明我們命名為「**經濟新潮**」的緣由──因為經濟狀況變化萬千，最終還是群眾心理的反映，離不開「人」的因素；這也是我們「以人為本位」的初衷。

　　手機廣告裡有一句名言：「科技始終來自人性。」我們倒期待「商業始終來自人性」，並努力在往後的編輯與出版的過程中實踐。

為文案人戴上抗噪耳機

李洛克／《故事行銷》作者、「故事革命」創辦人

本書是英國文案專家安迪 · 麥斯蘭（Andy Maslen）的新作，他在自己創辦的文案公司 Sunfish 擔任執行創意總監，為各大企業廣告文案操刀超過了 20 年，光看經歷應該就讓文案人對於本書內容有很高的期待。

我自己身為一個全職寫作者，我的著作《故事行銷》也是涉及行銷與文案的暢銷商管類書，因此在讀本書時，我心裡特別會想與作者印證行銷觀與文案觀，也希望能一窺資深前輩的文案寫作心法。

《高說服力的文案寫作心法》這本書從我的觀點來看，它不會是一本太好讀的書，但的確是作者的心血結晶。在一本書有限的篇幅裡，作者嘗試談論了新通路、內容行銷、情感文案、效益型文案、社群媒體文案、行動呼籲文案、文案文字技巧等等，的確是盡力囊括新時代文案寫手會需要知道的種種面向。

在社群平台與數位廣告興起之後，文案寫手的寫作風格備受挑戰，到底什麼才是好文案？什麼是壞文案？作者除了在書中會穿插「好／壞文案」的專欄讓讀者對比，我更喜歡作者提到的一段話：

「有別於美學作品，沒有人可以主觀評斷文案。問題不是：『我喜歡它嗎？』而是：『它有效嗎？』或更精確來說：『**能夠利用科學控管的測試，來判斷這則文案比我們現在用的還要好嗎？**』」

社群平台與數位廣告興起，就是**讓文案的成效「可視化」**，可以看到互動數、留言數、分享數，甚至可以追蹤到每則文案個別帶來多少訂單數？多少營業額？

如果閱讀文案的場域是在自家的網頁上，甚至能追蹤到讀者對哪一段內容不感興趣？在哪一段內容後選擇離開網頁？非常殘酷而真實。

一則文案是好還是壞，越來越難用「風格不同」來推託，而是一目瞭然的數據成績單。這也是作者重要的文案觀之一：「**創意：是為了得獎，還是真的把東西賣出去？**」

曾任中國神州優車集團與瑞幸咖啡行銷長，也是《流量池》一書的作者楊飛，也提出過「品效合一」的概念，主張就算是**品牌廣告也必須做出實效，為企業確實帶來獲利**，而不是美化形象、打打曝光就算了。

我自己的故事行銷企業內訓，也會一再強調，「故事行銷不是勵志學，而是可被驗證成效的科學。」實務讓行銷內容（包含文案、故事、知識資訊、品牌形象等）的製作與發布都有更強的獲利目的性。

作者這種「實質獲利」的文案觀、行銷觀在書中反覆出現，例如談到內容行銷時，最常被人詬病的就是實際成效不彰，無法快速有效地為企業帶來投資報酬率。在書中作者也說了這樣一段話：

「行銷術就如同勾著一張乳酪照片的捕鼠器。可憐的消費者被「哄騙」著閱讀文案，也許也因此掏錢購物。相反的，內容行銷則是真的勾了一塊乳酪的捕鼠器。老鼠很感謝地吃了一頓方形點心，因此願意被捕。重點來了：**大部分內容行銷實際上是一大塊乳酪，可是卻完全沒有捕鼠器。**」

如何讓讀者變成顧客，願意掏出錢的「捕鼠器」，就是作者特別重視的寫作點。也是我們這時代的文案寫作者一定要擁有的基礎技能。

市面上的文案書不計其數，每當我在閱讀這類書籍時，我都會特別探尋作者對於文案的觀念是什麼？什麼是他所認為的文案核心價值？在本書中作者也明確講到了，而且我覺得說得非常的深刻與清楚：

「文案寫作的核心價值在於：了解他人的感受，向他們展現目前生活以外的替代方案——更好、更豐富和充實的生命；遠離焦慮、疑慮和不安全；將問題減至最少，或全然解決問題。」

你可以發現，文案說穿了就是**協助人們邁向更好的生活**，我們只是**用文字展現了「變得更好」的可行性**。圍繞著人性展開說服手段，也是本書的核心訴求。

這段文案核心價值，不只適用於文案，就算放到人生價值上也完全適用：我們生而為人的價值，就是要了解他人的感受，協助他人獲得更好、更豐富和充實的生命；遠離焦慮、疑慮和不安全；將問題減至最少，或全然解決問題。

表面上我們在學文案心法，其實也是在學習怎麼無愧過好這一生。

　　最後，我特別喜歡書裡有一句針對此書的文案：「撰寫具說服力的文案，在充斥各類噪音的商場突圍而出……」本書的確像是各式文案流派裡的一股清流，諸般心法都反覆指向人性，讓我們文案人可以抵抗寫作焦慮，從洞察人性心理來下筆，彷彿是為我們文案人戴上了「抗噪耳機」。

　　在你寫文案寫到焦頭爛額、迷失方向時，翻開本書的心法一讀，也許就可以讓你在文案的世界裡閒庭信步、安穩寫字。

〔推薦序〕

小心！你將學會這套強大的
文案魔法！

歐陽立中 / Super 教師、暢銷作家

為什麼你得學文案？先帶你看兩個故事。第一個故事是這樣的，有個盲人在路邊乞討，紙板上寫著：「我看不見，請幫幫我。」街道上人來人往，但卻沒人投錢給這個盲人。這時，有個廣告人經過，告訴盲人說：「我幫你把紙板上的話改一下好嗎？」盲人答應了。廣告人寫完之後就離開了，過沒多久，盲人聽見鏗鏗鏘鏘的聲響，原來是路人把錢投進碗裡。廣告人到底寫了什麼？紙板上寫著：「這真是美好的一天，而我卻看不見。」

第二個故事是這樣的，有個老太太在路邊賣橘子。來，如果是你賣橘子，你會在紙板上寫什麼？我想可能是「橘子很甜！」「鮮甜多汁！」「不甜免錢！」但你知道這老太太在紙板上寫什麼嗎？四個字：「甜過初戀！」瞬間，這個文案在網路上瘋傳，老太太賣的不只是橘子，賣的更是你我最珍貴的初戀回憶。

所以，為什麼你得學文案？答案再清楚不過了，那就是：「學會與消費者高效溝通！」但問題來了，捫心自問，你喜歡看廣告嗎？走在路上，人家發廣告傳單，你會拿嗎？在臉書閒逛，看見廣告出現，

你會點進去嗎？看 Youtube 影片，結果廣告先跑出來，你會耐著性子看完嗎？不會對吧！為什麼呢？

因為人對於被推銷都有天生的戒心與反感。有句話是這麼說的：「這世上兩件事情最難，第一個是把想法放進對方心中，第二個是讓對方心甘情願把錢掏出來。」這麼巧，文案就是在面對這兩大棘手的挑戰！當然，這並非不可能的任務，但你一定要先拋開過去的認知，重新培養「文案思維」，而《高說服力的文案寫作心法》是我認為建立文案思維最實用的好書！

作者安迪・麥斯蘭犀利直接地點出多數人寫文案的盲點：絮絮叨叨、急著推銷。但真實的讀者是怎麼一回事？「他們沒有義務讀你寫的文案，更不用說開始閱讀之後會繼續讀下去。」「與你想跟他們談論的事相比，他們還有其他重要得多的事要做。」安迪這麼說。讀到這裡，我覺得臉上熱辣辣的，因為作者這記耳光，打得又響又亮。原來，真正好的文案並不是把產品介紹得鉅細靡遺，而是讓讀者「樂於閱讀」。

你說：「可是明明知道是廣告，有誰會樂於閱讀呢？」這就是安迪厲害的地方了。除了理論之外，還給你明確的「文案公式」，讓你只要照著用，就能勝過 80% 的文案。像是「TIPS 準則」：先給讀者誘惑（Tempt），讓他無從抗拒；接著再告訴他這件事影響（Influence）有多大，讓讀者開始正視；再來開始說服（Persuade），利用故事和論點，引發情感共鳴；最後等他卸下心防，開始心動時，才對讀者進行銷售（Sell）。簡單好記的口訣，加上安迪對人性的洞察，形成最具說服力的「文案寫作術」。

當然，裡頭的文案珍寶絕對不僅於此，還有像是「故事型文案的

4大要素」、「有效文案的 5P 風格」、「觸動讀者的 6 大情感」、「26個對讀者的行動呼籲」。你會發現，原來厲害的文案，是可以引發讀者的「好奇心」、打中他們的笑點或哭點。

　　我想起廣告界的泰斗大衛‧奧格威的經典文案：「在時速六十英里時，這輛新款勞斯萊斯汽車上的最大噪聲來自它的電子鐘。」有人問奧格威怎麼能寫出這麼精準動人的汽車文案。你猜猜奧格威怎麼說？他是這麼說的：「我只是想像我坐在沙發上，跟我的好友聊這輛車子。」對！好文案，從把讀者放在心上開始；而想學會寫好文案，從你翻開這本書開始！

目　錄

第二部

動機 vs. 理性：潛入顧客最深層的驅動力

訪談

身為全球前 50 大文案寫手，你如何看今天的文案工作？

史提夫・哈里遜（Steve Harrison）是歐洲 OgilvyOne 廣告公司創意總監，以及偉門（Wunderman）廣告公司全球創意總監，之後創立了 HTW 廣告公司。他帶領 HTW 贏得的坎城國際創意大獎，得獎次數比世界上任何創意總監都要多。

我向史提夫提出以下問題，他以慣有的知無不言、言無不盡的幽默作風，寫了一篇回覆文章，我隻字未改，內容清晰易懂、引人入勝。

你說過，文案寫手的工作是要解決顧客的問題，而不是客戶的問題。可否請你深入說明一下？客戶本身是否有一些問題，而他們誤認為那是顧客的問題？這些的想法如何影響他們對於文案的評斷？

業界公認我在 Ogilvy 和 HTW 帶領的是最卓越的創意部門。然而，這和我自己，或和我合作的美術總監及文案寫手的才能毫無關係。成功的祕訣在於：我所謂的「問題／解決方案動態學」（Problem/Solution Dynamic）。

我在 Ogilvy 和 HTW 堅持所有的工作簡報（briefs）一開始就要說明以下的東西：a）潛在顧客面對的問題；b）我們要銷售的產品或服務所提供的解決方案。這可導引出單一顧客主張，進而告訴創意人員應確切創作的廣告內容。

當我們向新客戶推銷時，我們會說明「問題／解決方案動態學」，以及它是我們一切任務重心的原因。大部分客戶都會點頭接受此說法。可是也有的客戶錯誤詮釋我們的理論，希望我們創作的廣告能解決他們的問題，而不是潛在顧客的問題。

例如：小部件製造商可能會告訴我們，他們想要推出新產品線，但他們的類似產品營業額該季下跌了 3%。

或者是：管理顧問可能會說，他們看待市場的方式和競爭者明顯不同，但潛在顧客卻看不到其效益。

又或者是：航空公司可能抱怨，顧客無法看到他們堅持品牌秉持的抱負。

在這些情況下，我們會告訴客戶，就算他們清晨四點還在煩惱這些而睡不著覺，潛在顧客也不會在乎。讓他們睡不著的其他問題，才是我們關注的焦點。

沒錯，我們曾面對這些問題：業績下滑 3%、顧問公司不同的市場策略外界無法理解、或推動航空公司品牌的抱負。但唯有先證明我們正在銷售的產品和服務，真的能解決潛在顧客的問題，才能達成前述的目標。

遺憾的是，從以前到現在，大部分的廣告公司都沒有說清楚：客戶和潛在顧客面對的問題之間，到底有什麼差異？取而代之的是，忽略後者的需求，刻意奉迎客戶的期望，且根據他們的疑慮，直接創作廣告作品。

因此文案人員，可能會對銷售新產品線失敗的小部件客戶，提出這樣的提案：「好，還要更好」，或者是「明日的科技，今天登場」。

至於顧問公司不同的市場觀念，提出的建議是「與眾不同的方式」，如果客戶不買帳，則會是：「請期待意外的驚喜」。而對於尋求強化抱負本質的航空公司，我想在一堆自我吹噓的陳腔濫調中，最

經典的金句將會是：「飛航的藝術」。

　　客戶喜歡這類表達方式，因為它們看似談到了顧客與他們交易將可獲得的效益。但實際上，只有客戶自己才會注意到這些廣告，因為裡面談的全都是他們自己。

　　最令人憂慮的一點是：大部分廣告公司不知道怎樣把事情做得更好。他們不明白潛在顧客的問題。然而，產品的解決方案應該是他們思考的首要重點。

　　看來業界對於實際去解決潛在顧客的問題興趣缺缺，反而更樂於採用最新的數位創新，作為傳播訊息的方式。

　　具體來說，重大獎項的善變評審也被這類新奇玩意所迷惑。多年來注意 The Directory Big Won Rankings 得獎趨勢的派屈克‧科列斯特（Patrick Collister）告訴我：「2017 年坎城國際創意大獎 27 項大獎中，只有 3 項得獎作品明顯呈現商業目的。也就是說，只有三個廣告活動是企圖銷售產品。」

前言

文案寫作，及其在當今商業和行銷中的角色

儘管很多人認為文案寫作（copywriting）的基本概念在於雋永常青，但我們的世界卻從未停止運轉，更不用說客戶的世界。市面上的產品、與顧客溝通及了解人們如何作決定的方式，全都不斷推陳出新。因此，出版商 Kogan Page 的編輯要我修改本書並出版第二版時，我樂觀其成。

這個全新版本，旨在達成三個目標：

第一，進一步建立你撰寫文案的自信。這一點也適用於：自認為是文案寫手，以及為達成更廣義的行銷職責而寫文案的人，又或者是兩者皆非，卻仍需不定時寫一些文案的通才。也許你從事廣告、行銷或公關業，或經營特定部門、事業單位，或自營公司。重點在於：你希望寫出有影響力、說服力或能銷售的文案。

其次，帶給你更有用的內容。我特別寫了四個新章節，探討內容行銷、社群媒體、創意，以及評斷文案好壞的正確（和錯誤）方式。

第三，強調現代化的全球數位溝通急速改變之需求，讓本書變得對你更有用。

但我先來提一個問題：「文案寫作」是什麼？

文案寫作，以前是個很容易定義的詞。它指的是你在報紙廣告、直銷郵件（direct mail）、小冊子、海報和型錄上看到的文字，以及

電視或廣播廣告裡看到或聽到的文字和讀稿、用於銷售的文字。還有其他定義:有些是循環定義——文案寫作就是文案寫作者所寫的東西;有些是功利主義——旨在達成結果的任何寫作;有些則是概念性的——是行為的修正。但我認為沒有一個定義涉及到當今文案寫作中形形色色的通路、準則和目的。

應如何定義包含由演算法驅動流程的活動,以達成下列目的:吸引軟體機器人(「bots」)以確保能存取搜尋引擎上的高排行網頁、執行部落格和社群媒體更新中固有的人際關係建立作業、為網路專題討論和 app 的影片撰寫講稿,當然,也包括大量郵件、電子郵件行銷和長篇大論型登錄頁中常見的強迫推銷內容。

為了設定可操作定義,我們不能把今天可用的通路和媒體想得太狹隘,還有進行交易的人(稍後會深入說明),以及特定子活動或廣告活動的目的。反之,我們應聚焦於唯有文案寫作能提供的潛藏效益。

關鍵心得:文案寫作指的是使用書寫文字,去創造、維繫和加深營利關係的商業活動。

我們可以剖析這個陳述,測試它能否成立?

- 「使用」:文案只不過是一種工具,是走向終點的途徑。
- 「創造、維繫和加深」:對於大多數的行業來說,它涵蓋了取得、維持和對顧客向上銷售的階段。
- 「營利」:因為若無營利行為,其所導致的關係就毫無價值可言。
- 「關係」:現在與發明電報的時代比起來,我們是處在「商務是僅與個人相關」的年代。沒錯,我們放眼望去,全是大量可用的溝通通路,但我們世代較明確的媒介是電子郵件、緊接著

是社群媒體：兩者都可定義為一對一的個人關係。

- 「商業活動」：這裡把文案放在交易和交換的環境中，也就是全球商業的基本原則。有別於新聞、小說或參考資料，我們撰寫的文字不具內在價值。（單純以撰寫「免罪卡」內容為例，儘管就是這樣枝微末節的素材，我都可以確定，若它對損益底線的影響是零的話，組織也不會花錢印製它。）

- 「書寫文字」：無論用的是什麼文字語言，文案受到結構規則的約束，且仰賴微妙的措詞、標點符號和語法對讀者的情感和智力所造成之影響，而不是肢體語言、韻律或眼神接觸。

就以上述作為定義。但文案在現代商業中又占有怎樣的地位呢？

網路改變了文案寫作嗎？

在此，我們應探討網際網路對各行各業的影響。在思考網路如何改變文案寫作者的世界時，本質上我們可以考慮三種哲學立場：

1 它顛覆一切，實際上興起一場革命。一切都徹底改變。我們曾認知的一切都已毫不相關。這是個勇往直前的新世界。

2 它沒有改變任何事物。人們一如過往。人腦維持不變。我們推廣相同的產品。這是個舒適的舊世界。

3 它只改變了幾件事，進而影響了文案的呈現和消費，但並未改變影響力的潛在心理原則。這很像是「新瓶裝舊酒」。

我支持最後一個立場。以下仍是我們的目標：以某人為目標對象進行寫作，以便修正他／她的行為、驅動其思考和感受，進而採取不同的行動。而我們要召喚的傳統優勢，包括：感同身受、影響和說服的能力。而新科技可以帶來更多效益。

超文本（hypertext）絕對引人入勝，我們向讀者呈現文案的同時，可讓他們選擇內容的長度，以及瀏覽的方式，而不必檢視不想看的部分。若非如此，那就和一份型錄沒兩樣了。搜尋改變了人們找到我們的銷售文案的方式，而且有一陣子，業界認為吸引搜尋引擎的青睞似乎將成為文案的主要目標。多媒體讓我們可透過音訊、視訊、動畫和文字，加強或呈現我們的文案。但我們還是得把文字寫出來。

誰是網路或手機文案的消費者？

我們需要為網頁和類似行動裝置的其他數位通路，撰寫不同的文案嗎？本書所提到的想法，能否適用於所有媒介？這要視你對人性的看法而定。

如果你認為地球上有兩種迥異的人種，也就是：人類和「網路使用者」，那麼沒錯，就我所知，你也許要為網路撰寫不同的文案。若相反來說，你同我一樣相信，世界上只有一種人，那麼你就不必寫兩套文案。

你的莎拉阿姨也許現在正在上網，我們就設想她是「網路使用者」。但當她登出網路去逛大街時，她會從「網路使用者」變成「商店使用者」嗎？我認為不會。

她的需求不會在上線、或手指輕掃平板電腦畫面的那一刻改變。事實上，沒有人的需求會是那樣的。唯一可靠且無法挑戰的人類動機模式，已由亞伯拉罕·馬斯洛（Abraham Maslow）定調了。

馬斯洛的「需求層級理論」（Hierarchy of Needs）包括：生理需求，例如食物、空氣和睡眠；安全維護需求，例如居所和法律與秩序；愛的需求，例如歸屬感和關係；同時對自己和他人的自尊需求，以及埋在心底的自我實現的需求，例如：秉持道德價值過生活，以

及實現自我成就感。

以上所有的需求都無法透過人們搜尋的通路來滿足，而是搜尋的物件。

所以說，莎拉也許搬到一個新城市，正在尋找舞蹈課程。過去她也許會看看當地圖書館的佈告欄。現在她也許上網 Google 一下：「本地騷莎舞蹈班」。可是我的重點是：她尋找的是可滿足其交新朋友需求的舞蹈課程、歸屬於一個團體，並感覺到健康快樂。所有這些需求都在網際網路出現之前就存在了。

那麼她的線上閱讀行為又怎麼說呢？她的閱讀習慣會不同，還是說需要不同的觸發點嗎？有些人會說有這個需要。有人告訴我們，網路使用者會瀏覽網站，所以要用標題。這個建議不壞，但以下哪個陳述比較接近真實？

- 1990 年代中期網際網路問世後，人們發展出名為「瀏覽」的新閱讀策略，以因應顯示在螢幕上的資訊。
- 1990 年代中期網際網路問世後，人們使用名為「瀏覽」的現有閱讀策略，以因應顯示在螢幕上的資訊。

瀏覽也許是這些特定物種的人根柢固的進化優勢，能洞悉即時環境、偵測威脅。如果你比鄰居更善於發現企圖吃掉你的怪獸，你就更能夠生存與繁衍下去。

把人類歷史簡化為一句話：沿襲自老祖宗的能力，並進化為一種策略，能從各式各樣的情境中篩選出與自己相關的事物。

非也。比這個更重要的是：寫出讀者認為與其相關的文字。只要我們持續建立與讀者的關係，他們就會關注並喜愛我們。不然你怎麼解釋小說這個文類歷久不衰、受人歡迎呢？據我所知，有些甚至不加註標題，甚至（吸氣）還是電子書。

撰寫本書時我假設您正在向人們銷售產品或服務，或企圖說服他們。人類喜歡故事。他們受情感驅動、喜歡模式、有好奇心。這些是我們必須利用的槓桿，而本書提及的一些技巧，可以助你一臂之力。部署文字的媒介由你決定，這點不會對你的顧客產生太大的差別。

內容行銷的興起

寫作本書時，內容行銷是市場上的熱門話題。簡單來說，內容行銷指的是免費提供有用資訊，期望人們能找到它、消費這些產品／服務，並充分信任供應商，因而下次還要向它們訂購。當然，這個流程完全行得通，因為我們訓練潛在顧客向我們索取免費資訊，但僅此而已。

然而，無論組織的規模大小、或商業型態為何，都滿腔如同蘇維埃年代蘇聯拖曳機工廠的熱情，企圖達成生產配額，進一步侵吞部落格貼文、報告、工作簡報、影片和播客。而許多此類內容是由自稱為文案寫手（儘管擁有編輯和記者工作背景的人，也常常投身內容專家的行列，讓這些職務發展更多元化）的人撰寫。

內容和文案是相同的嗎？業界似乎同意這樣的看法：不，它們是不一樣的，即使同樣是由文案寫手所撰寫。我猜想這差不多像是：你的室內設計師栽種的花床（flower bed）並非備用睡房（spare bedroom）。文案和內容行銷之間的差異真的有很大嗎？若內容行銷無法持續營利，它還會存在嗎？我和許多財務總監談論過此事，我認為它是不會存在的。事實上，它看似能妥善融入我提出的文案寫作的定義：兩者的目標相同，但（我們可否說）內容行銷是更具掠奪本性的兄弟——以便進一步創造、維繫和強化營利關係。寫文案和內容行銷的唯一真正差異在於主題。意圖、成果和商業理由都相同。

非直接的文案寫作

曾經在學校讀過直效行銷（direct marketing）的我們都知道要追求的目標是：可評量、可直接歸因的成果。我以前接受文案訓練時，工作之一就是每天早上打開電子郵件，計算訂單的數量：就是這麼的「直接」。其實，要評量結果並不容易，多虧有一些分析工具可用，不管是不是花錢買的。

至於我們稱為「非直接式的文案」，那又怎樣呢？也就是顯示在潛在顧客和顧客面前的所有媒介，卻沒有行動呼籲的文字，例如在包裝外殼、汽油泵、海報、公車側邊、擦玻璃的毛巾、海灘傘上的文字。我可以確定有人會說，放置 QR code 的策略能讓每一則文案都可以追蹤，但事實上，這件事從未發生過。或者說尚未發生。但這類文案仍是重要的。我傾向於相信，公司深信若有機會和顧客談話，就值得把握這個機會，即使無法評量其影響力，只能依靠想像。

當我們和員工溝通

無論是專才或通才，許多文案人員不定時都要撰寫以公司員工為目標對象的文案。這不是銷售文案，但我們試圖加強僱主和員工之間的關係。若這樣能帶來更高的生產力、低員工流動率，以及更強的工作創造力，那麼這筆廣告預算是否值得？

員工手冊、僱用合約、產假指導原則、職員手冊、訓練手冊：妥善處理它們，因為所有這些溝通都能探究讀者的動機並影響其行為。

還有一些溝通是直接指向潛在員工的。這種橫跨人力資源和行銷領域的東西有專門術語叫做「僱主品牌」（employer brand）。簡單說就是指：如何和可能會為我們工作的人說話。在此情況下，這包括：

徵才廣告、工作說明、職務申請表。以上這些也都符合前述的文案寫作的定義。

個案研究　Lidl──報紙廣告

　　這則報紙廣告的客戶是 Lidl 折扣連鎖超市，其重點有二：研究調查清楚指出了競爭對手和它比價的流程運作。其次是俏皮的口吻。

　　無論是誰閱讀這則廣告，不論他們是不是這兩家超市的顧客，他們都讀懂了，在 Morrisons 必須「過五關、斬六將」，才能辛苦地取得折扣或優惠。然後會心一笑。

　　儘管它們也許對事實略微加油添醋，但文案只是列出你必須採取的步驟，才能取得和 Lidl 相同的價格。這個想法不複雜、也很精彩。

執行創意總監：Jeremy Carr

創意團隊：TBWA London 的 Dan Kenny、Matt Deacon、Ben Fallows

廣告文案的全球化發展及衰退

　　文案在大眾媒體（或說是品牌廣告）的曝光率比以往大幅衰減。儘管全球文案人才輩出的重鎮，如紐約的麥迪遜大道，以及倫敦的夏洛特街（Charlotte Street）仍然散發著寧靜的光芒，廣告，作為文案人員（相對於「創意人員」）的媒介，其發展已走到衰落的終點。此現象一部分歸因於全球化的發展。跨國企業為了降低成本，都全力製作國際或全球性的廣告活動。所有單一國家的或甚至是具地區色彩的文化表現，瞬間就被禁用（verboten）。畢竟，要一一獲取不同國家的目標對象之關注，實在成本太高了。

　　取而代之的是：高調（high-concept，譯注：泛指容易說明和理解的事物）的視覺形象和了無生氣的企業標語。或者是：包裝圖片和雙關語。汽車業是我喜歡提的此類廣告範本，因為製作汽車廣告斥資浩大，上市車種日新月異，競爭激烈，再加上古往今來的這條漫長公路上，仍看得見類似 Packard、Saab、Pierce-Arrow、Hummer、

Rover、Geo、Sunbeam、British Leyland 和 DeLorean 等幾已鏽蝕破損的車輛激起漫天的塵土（但它們的聲譽至少因電影《回到未來》〔*Back to the Future*〕而流芳百世）。

也許這只是我略微悲觀的預測。畢竟，打開任何報章雜誌，你還是看得到滿是文字內容的廣告。我試著放些廣告文案範例在書中，提醒我們，大膽宣告廣告文案已死，會像馬克‧吐溫所說的：「過度誇大其詞」。

心跳永不停歇

然而，儘管觀察到非常具體的衰退現象，文案的藝術和科學依然會苟延殘喘地活著。只要每位窗戶清潔員、瑜伽老師、紋身店和省級律師都設立網站，他們總需要文案來填滿網頁空間。只要超大型企業僱用 20 人組成內容行銷小組，總是需要寫文案，包括：撰寫部落格貼文、推特短文，以及製作資料圖表。只要慈善團體發起募款活動，以對抗這種疾病或那種天然災害，文案總是奉獻箱空空如也或滿載而歸的關鍵因素。

為什麼呢？為什麼我們還要討論如何一氣呵成地寫出具說服力的文案呢？是因為這樣做的效率嗎？能以簡潔的文字，傳遞複雜的提議，方便人們在手機上閱讀。是因為這樣做的效果嗎？可驅動數千里以外的人打開錢包和手提包。是因為它和最終獎勵相比下，是明顯物超所值？我懷疑以上皆是，還不只是這些。

文案寫作的核心價值在於：了解他人的感受，向他們展現目前生活以外的替代方案——更好、更豐富和充實的生命；遠離焦慮、疑慮和不安全；將問題減至最少，或全然解決問題。

現在，就要開始教你如何把文案寫得更出色。

致謝

任何自詡為文案寫手的人，都應感謝實現其工作的人。我的狀況指的是：啟發靈感、充滿挑戰性，更重要的是，我很榮幸稱其為客戶的一群聰明人。謝謝你們。Sunfish 的創意總監約爾·凱利（Jo Kelly），她是我長期的合作對象，我對她的感激之情難以回報，只好竭盡全力償還。

沒有一本與文案相關的書籍是自成一格的，因此我謙卑地感謝長久以來我曾閱讀的書籍之作者，你們讓我靈感泉湧。我無法一一細數，其中包括了：David Ogilvy（大衛·奧格威）、John Caples、Drayton Bird、Phil Barden、Richard Shotton、Antonio Damasio 和 Steven King（史蒂芬·金），他們的作品是我特別親密的朋友。

在此特別謝謝慷慨允許我或為我安排權限，能在本書中提到其推廣活動的人。他們包括：Vanessa Armstrong、David Bateman、Mark Beard、Bill Brand、Dave Cates、Jason Coles、Mark Dibden、Neda Hashemi、Henrik Knutssen、Sophie Lambert-Russell、Natalie Mueller、Gerard O'Brien、Charlotte Poh（也為本書提供彌足珍貴的意見）、Ryan Wallman 和 Gabrielle de Wardener。

我曾邀請我的文案寫作學會的成員提供意見，以便寫出一本對讀者更有用的書。很多人撥冗提供想法，我要謝謝他們。在此特別感謝 Mary Clarke、Derek Etherton、Elizabeth Harrin、Matthew McMillion、Dale Moore、Les Pickford 和 Gary Spinks，你們提出精闢

獨到的見解，我受惠良多。

　　也要誠摯感謝 Helen Kogan、Melody Dawes、Géraldine Collard、Jenny Volich、Jasmin Naim、Katleen Richardson、Stefan Leszczuk、Megan Mondi，以及他們在 Kogan Page 工作的同事。

　　最後，我要把發自內心深處的感激，全都給予我的家人，謝謝他們的支持、耐心與愛。

如何使用本書

　　本書每一章都結合理論與實務。我會講解新技巧和想法，舉例說明好文案和壞文案的差別、分享名人訪談，以及現實世界曾執行的行銷活動個案研究。您將確切了解在不同職務和職能下，何謂好文案，特別是行銷文案。我也在可行的範圍內，說明能發揮作用的指標及其原因。您應該能想像，很多公司不願意分享敏感的業務和其他業績資料。

　　本書特色包括：

從理論到利潤

專題討論

付諸行動

試試這樣做

關鍵心得

下載

實務作業

好文案／壞文案

　　從理論到利潤：邀請您思考如何具體地將章節中的想法應用到您的商務和您個人的文案寫作。

　　專題討論：小測驗，了解您已掌握了多少知識。有機會讓您回顧和一再檢視重點。所有答案都寫在本書的最後。

付諸行動：實際的文案寫作練習，讓您能學以致用。不妨把這些知識整合到你目前的工作中，以便充分把握時間。

試試這樣做：立即可實驗試做的實務想法。

關鍵心得：若您在此章節毫無學習心得，就把握這一刻吧。

下載：可到 www.sunfish.co.uk/downloads-for-persuasive-copywriting 下載工作表範本。或是這個：tinyurl.com/nzed99x。

實務作業：心理學技巧和指標，協助您勾起顧客的注意、影響他們，以及向他們推銷。

好文案 / 壞文案：好、壞文案的範例。你也知道，所有壞文案的例子都是虛構的（不過往往是根據作者收到的真實文案作為捏造基礎）。

詞彙：碰到不太熟悉的字詞，可參考「詞彙」部分。如果裡面沒有提到特定的字詞，就推特我吧！ @Andy_Maslen

寄件者：安迪‧麥斯蘭（Andy Maslen）

收件者：你

主　旨：謝謝你購買這本書

　　你可能跟我一樣，發現文案的精神，不僅是列出產品／服務的效益而已。更重要是掌握潛在顧客的心理，了解他們真正的渴望。

　　身為文案寫手，我們必須接受這個論點：當我們要開始寫一份新文案，我們就連結至說故事的傳統，回溯到史前世代。接著，我們也必須接受：我們可以從豐富的作品中學習，而它們可能跟行銷的「最佳實務」完全無關。

　　因此我撰寫本書，旨在深入探討影響力的心理學。深入探索說故事的韻律和節奏。發掘世界最偉大的溝通者對其目標對象所發揮的影響力。

　　這本書的目標讀者並非文案入門者。它假設你已明白產品／服務的特色和效益之間的差別，也察覺到主動語態潛藏的渴望程度，而且也相信推薦在銷售文案中至關重要。（如果你認為自己以上皆非，請另尋講述文案基本技巧的書籍。）

　　我們的起點是：心理學的教導比文學更能對文案寫作產生幫助。在開拓文案寫手的事業旅程中，我發現自己的興趣焦點，從語言的機制轉換為強調動機和影響力。沒錯，我還是非常在意精確的措詞、句子和段落，但畢竟語言掌控力多少都與個人的天賦有關，而我也不相信「耶」和「哇」真的有很大的差別。

　　不過，本書並不能取代你從我，或任何其他老師那兒學到的文案素養。我設計了全新的練習，讓您練習使用、運用，並

38

修正我們所討論的技巧。

　　一如既往，您可到我們的 LinkedIn Group–The Andy Maslen Copywriting Academy 張貼你的評語和提出問題。也可以使用主題標籤 #HeyAndy 推特我：@Andy_Maslen。或留言給我。

　　就這樣。開工吧。

　　期待你能培養出更精湛的文案技巧，

Andy Maslen F IDM

導言
如何撰寫如天使，銷售如惡魔

沒錯，這是最糟糕的事：人們反省並鎮靜地做了決定，但最後還是受情感的掌控。這真是無藥可救、無理取鬧。

——喬治·艾略特（George Eliot），《亞當·貝德》（Adam Bede）

你是個文案寫手。你寫下文字、使用格式，讓每位接收訊息的人能立即作出實質反應——無論他們是覺得漠不關心、冷漠，或徹底敵視。你的目的是改變他們思考、感受和行動的方式。通常你是要求他們花錢。

如果這個挑戰還不夠嚴峻，情況會更糟。因為大部分的人都被教導用錯誤的方式寫東西。我們所受的教育，以及在工作中，我們的講師、導師、老師和經理人都堅持我們必須忠於事實。沒有什麼比努力不懈地提出證據更具說服力的。擬定牢不可破且合乎邏輯的陳述，你的讀者除了遵循之外也別無他法。

然而，在今天的商場上，即使我們願意花個半秒時間來考慮，都會覺得這個準則大錯特錯。你是不是常常想要吶喊：「我這樣難道錯了嗎？」你的論點固若金湯、邏輯無懈可擊、建議……無可抗拒。但好像遺漏了些什麼。這個「什麼」就是情感（emotion）。

我一向認為情感和感受，大大影響著人們做決定的方式。多年以來，這個疑問一再從經濟學家、科學家和策略顧問那裡獲得證實。

因此我想進一步探究，不光希望了解發生了什麼事，還有它的原因。

決策、動機和情感

把做決策的能力歸因於理性思考，似乎是再自然不過的事。畢竟，人類是地球上最高度進化的生命形式，而且已發展出最健全的推理和邏輯思考。人們的生命充斥著資料和資訊——從我們還未出生，母親就野心勃勃地播放莫札特的交響樂給我們聽；連買個便宜到不行的東西，也要上網搜尋和吞噬無數的評價和比價，再決定從哪裡購買。在決定做某件事之前，我們一定會用該資訊，在腦海中建構一張優點／缺點圖嗎？嗯，是的，可能是這樣吧。事實上，我們做的決定都是由動機所驅動，而它們本身就結合了認知和情感元素。也許我們會去評估某間健身房的優缺點，但探究其動機，其實是對身材的不滿，或渴望窈窕健康，因為我們都害怕心臟病發。

長久以來，目標對象是消費者的文案寫手（通常他們在廣告公司工作）都知道並懂得運用動機的力量。在 1950 年代的美國，你可以告訴年輕的媽媽說：「比起其他牌子的爽身粉，這個牌子的細緻度高了 30%。」可是，「如果妳用我們的爽身粉擦孩子的屁屁，妳就是個好媽媽」的說法，就會把她的動機連結至「好媽媽」上面。猜猜看媽媽們會選擇哪一種？

一流的文案寫手總能結合理性和情感的論點，但大部分人都是靠直覺。神經學家提出安心的佐證，說明這是恰當的準則，例如：若讀者能在情感上認同並投入你的文案，他們會花更長的時間閱讀，也能記得更多內容。這是有力的說服法，而力量的根源深植於人類的大腦中。

重要的大腦部位

　　首先提出免責聲明：我不是神經學家。自古以來人類就一直在研究腦部。能否把情感的產生精確地對應至具體的腦部結構，依然是科學家熱烈討論的話題。但對我們這群文案寫作者來說，有兩個腦部結構有助於我們了解，腦部是如何處理情感和做決策之間的關係。

　　「邊緣系統」（limbic system）又名「古哺乳動物腦」，有些人甚至稱它為蜥蜴腦，進一步說明它在神經系統進化時所占有的地位。「邊緣系統」是我們情感的中樞。如果你覺得憂慮或焦慮、開心或傷心、生氣或樂觀，你的「邊緣系統」正在運作。

　　如果你把自己或朋友的腦拿下來，然後把它剖開，你找找看「邊緣系統」在哪裡？在此提供線索：不是在表面的灰色捲曲的卷積層。典型的腦部解剖圖總是會看到這些被深刻裂縫（或者說是腦溝〔sulci〕）劃分的迴脊。它相當於一台神經世界的克雷超級電腦（譯注：Cray Inc. 製造和銷售的超級電腦，該公司於 1989 年成立、1995 年破產，其後又於 2000 年重組成立），它能處理更高層次的功能，如抽象思考、邏輯推理和道德分析。錯啦，不是這裡。從古早前就發展出來的「邊緣系統」是在腦的內部，腦幹的上方，脊髓從脊椎向上延伸，與腦部結合之處。

　　「邊緣系統」內含一系列分散卻連結的結構，其中包括：杏仁核（小小的杏仁狀器官），負責記憶、情感處理，特別是憂慮和社交關係；嗅球，掌管我們的嗅覺，它也和記憶連結，更被許多心理學家認為是最強的感官。

圖 0.1　邊緣系統和眶額皮質（OFC）

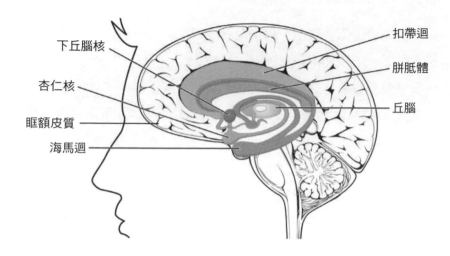

下丘腦核

杏仁核

眶額皮質

海馬迴

扣帶迴

胼胝體

丘腦

情感和感覺的差異

　　快樂、傷心、恐懼、生氣、厭惡、驚訝，這是六種主要的情感（也可說是情緒）。這些情感跨越了文化、國境、種族、性別、年齡和智慧的邊界。對於從未涉獵神經學的外行人（也就是實質上包括每一位文案寫手、廣告業務、行銷人員和企業家），「情感」與「感覺」是同義詞。我們覺得傷心，因為我們傷心。但是像安東尼歐・達馬吉歐（Antonio Damasio）這樣的神經學家則可清楚區分兩者之間的差異。

　　情感是其他人觀察得到的一種身體狀態。嘴角下垂、雙眼紅腫、眉頭緊皺，也許外加幾滴傷心的眼淚，都是透露情感的視覺線索。如果你生氣了，也許你的臉色會蒼白、緊抿雙唇、眼冒金星、肌肉緊繃。感覺是這些情感的內心「地圖」，是「擁有」情感者精神上的體驗，

外人看不出來。儘管這個差別很重要,但我們可以先把它放一邊,因為對我們來說,重點是了解情感在人類動機和做決策時所扮演的角色。

實務作業:對於你正在進行的業務活動,辨識出最適用的主要情感。設法讓你的文案和原始的驅動要素產生連結。

　　我們為什麼會有情感?這六種主要情感中,有四種是不愉快的。在每一種情況下,能夠體驗這些情感能直接帶來進化上的優勢。我們以厭惡為例。如果我們沒有情感反應,即使我們把「吃腐爛食物」貼上「厭惡」的標籤,那也嚇不倒我們——但這可能帶來致命的後果。

　　就做決策而言,情感也扮演著意見回饋機制的角色。我們就用之前提過的例子:某人考慮要加入健身房,他們備受激勵,期望擁有強健體魄,但卻聽過太多人被坑的故事,例如會費過高、中途取消的罰則等等。他們評估了四到五家當地健身房,發現其中一家的器材、教練和收費都很理想。他們加入這家健身房,而體驗到的正面情感告訴他們,沒錯,你做了正確的決定。

關鍵心得:動機驅動行動,資訊驅動分析。我們希望讀者採取行動。

　　研究員使用功能性磁振造影(fMRI)這種精密的腦部掃描技術後證實,受試者出現情緒波動時,腦部主要產生反應的區域是「邊緣系統」。還有聽故事的時候也是。而當受試者正在做決定時,會用到的部位是眶額皮質(orbitofrontal cortex, OFC)。這兩個大腦部位就是我們想要影響的神經系統聯繫。

資訊的角色

你可能會問,資訊呢?它如何作用?的確,我們並非盲目地由下丘腦或杏仁核左右我們選擇汽車保單,或是餐桌,對吧?當然!我們的動機,例如獲得升遷、尋找伴侶、讓朋友留下深刻印象,驅動著我們做決定。在做這些決定時,我們需要資訊來評估 X 產品和我們的動機之間是否吻合。情感透露出我們的動機,並協助我們判斷所做的決定能否讓我們「感覺正確」。

掌握文案術的移情法則

我會在本書中說明一些相關的技巧,它們的用處,不只是分辨特色和效益之間的差異而已。大致上它們分成兩組:第一組談影響力的心理學,特別是動機和情感扮演的角色;其次是文案風格和語氣對心理的影響。

儘管第二組比第一組更強調探索內心世界,但它們仍能左右讀者的情感,因為一旦你寫出更易讀且令人愉悅的文字,就能緩和他們抗拒閱讀的心理。

在整本書中,「顧客」、「潛在顧客」和「讀者」可以互換使用。但是,我並非隨機選擇用哪一個,而是試圖反映:我們傾向於把三者混為一談。此外,這三個詞的意義有些微不同。「顧客」隱含彼此關係中的交易性質。「潛在顧客」提醒我們還有尚未成功說服的目標對象。「讀者」強調我們正在用書寫語言進行推銷的事實。

你可以把這些技巧用於任何需要文案的溝通通路,儘管其中有些可能比較適用於網站、平面或行動裝置。我經營的不是平面文案公司,或新媒體文案公司,而是寫作公司。(事實上,這就是我們

的廣告詞。）我們每天為客戶撰寫多通路活動的文案時，都在使用書中的技巧；我們的客戶包括：消費品公司、零售商、媒體、工業、技術供應商、製造商、專業服務公司等等。

你要做的是：了解技巧，然後孜孜不倦的練習，但記得總要加上自己的判斷。這是你能從本書，或甚至是訓練課程中學會的知識。你必須用傳統的方式學習，並實踐於工作中，然後再自行調整。

關於顧客的情感……

本書旨在說明如何勾起讀者的情感，好讓他們聽你說話、相信你的訊息。這不是說要你控制或操縱他們的思維。我非常相信人性，也深信我的讀者都不是白痴，不會相信我會強迫他們去做不想做的事。但如果他們正在考慮要這樣做，我強烈相信我們必須讓他們覺得（而不只是認為）這是個好主意。

許多業餘和專業的文案寫手都相信他們必須讓讀者投入情感。到目前為止，這個說法都成立。但要來說比較困難的部分了。要如何精確做到這一點呢？這裡需要釐清一下。某人秉持善意寫出以下文句，但寫作風格不夠好。在此我將這封收到的電子郵件，略作轉述。

壞文案：我們很高興通知您，您已被我們選中，享受全新辦公室家具系列產品的精彩折扣。

看到問題了嗎？這種寫作風格的訊息，每天都塞爆我們的收件匣。針對「高興」兩字：這個文案寫手也許會、也許不會高興看到我享用優惠（我懷疑他們不會）。但這不是重點。

身為讀者，我不在乎他們的感覺，也沒興趣知道他們的情感。他們動用情感，但他們該做的是引發情感。

46

我舉辦文案術專題討論時經常討論情感文案術，而碰到的問題也很類似。

「如果我不能描述我的情感，那麼我該如何傳達情感呢？」

我的回答總是相同。你不必傳達情感，因為你的讀者沒興趣了解你的情感、你的感覺。特別有趣的是，讀者對自己的情感也不感興趣。他們只存在情感。差別在於：他們的情感能驅動他們採取行動，而你的情感則不會。

因此，我們的第一個任務是：停止去描述我們的情感。每次這樣做，我們就會把與工作無關的個人性格，傾注至版面上。這樣無法解決問題。現在，來做個困難的工作：激起讀者的情感回應。

信不信由你，如同上述那樣使用形容詞，對達成目標全無幫助。

先不說購買檔案櫃打九折能不能稱得上是驚喜優惠（事實上不是），與沒有在名詞前放「精彩」兩字相比下，放了這兩個字，就能勾起讀者興奮之情嗎？會讓他們目瞪口呆、開心不已嗎？答案是不會。只有天真爛漫的業務員，才會相信這種文字能起得了作用。

「名過其實」

像是精彩、驚喜、興奮、難以置信……這類字眼，其實蘊含著一些無法傳達的感覺。

我曾參加 1979 年的 Knebworth Festival，觀賞齊柏林飛船（Led Zeppelin）的演唱會，實在是精彩絕倫。

我和我太太初次約會的時候，我高興極了。我和她在烏魯魯的星空下享用晚餐。真是好得令人難以置信。

我的兩個孩子出生時，我都在現場。真是令人驚喜的經驗。

選擇會計軟體、鉛筆、汽車清潔液或狗零食的時候，是不會產

生這些情感的。

　　當你的文字裡搪塞著這些名過其實的形容詞，除了你的銷售戰術失敗之外，還會帶來更毀滅性的後果。

　　如果我們把平凡的物件形容得嘆為觀止，那我們該如何描述尼加拉瓜大瀑布？如果每天進行的業務推廣都是精彩絕倫，又該如何描述感動人心的音樂或畫作呢？

　　本書談的是具說服力的寫作，但如同我在我的書《超好賣的文案銷售術》（*Write to Sell*）當中所說的，我們寫的是英文。就假設我們正在這個職場水庫裡游泳吧。這裡的水質是從喬叟（Geoffrey Chaucer）的清澈潔淨寫作風格開始流動至今。（譯注：傑弗里·喬叟，1343-1400，是英國中世紀最傑出的詩人，流芳百世的作品為《坎特伯雷故事集》〔*Canterbury Tales*〕）。萬一清流受到污染且流竄四處，最終將流至大海。

　　讓我們達成協議吧，你應該用形容詞來達成意圖目的，也就是增加資訊，而不是強調資訊。我們將談談限時優惠。只此一次的機會。會員獨享折扣。這些短句都隱含著罕見或專屬的意義，也將引燃讀者的情感大腦。

尊重讀者

　　繼續討論我們的核心問題。如何激起讀者的情感回應？我們可以使用好幾種工具。這些工具都不是太難了解或採用。

　　使用它們的手法在於：讓讀者看不到你的心計（他們可是會探尋的）。

　　「為什麼我要這樣做？」因為你想要說服的人正在思考。他們不一定認識你，也不一定相信你。（幾乎可以肯定他們不相信你。）

反過來問，他們為什麼要相信你呢？你希望他們採取行動、興起某些感覺，或去想一些你沒向他們傳遞訊息前他們不會去想、去感覺、去做的事。你面對的挑戰，比單純地解答他們的問題還要複雜。

為什麼？因為它隱含了一個深入且未說出口的問題，而且除非你先回答這問題，否則就會在你只寫出起始句子後，就半途攔截你說服他們的機會。

這個問題就是：「我為什麼要讀這個？」問題進一步引伸至整個說服力寫作的問題核心。讀者給你片刻的時間，閱讀你的創作，你就必須給他們一個開始閱讀的理由。

關於讀者的四個真相

我們需要不時提醒自己，關於任何讀者：

1 他們不是白痴。
2 他們沒有義務讀你寫的文案，更不用說開始閱讀之後會繼續讀下去。
3 除了閱讀電子郵件、信件、廣告或網站內容之外，他們還有別的事要做。
4 與你想跟他們談論的事相比，他們還有其他重要得多的事要做。

即使他們搜尋你的網站，研究度假的事，或者是找會計公司或買新車，以上說法還是對的嗎？是的。以上說法沒錯。告訴你原因。

你賣的不是業界唯一的產品／服務。因此，即使你的網站在Google 排名第一，一旦你的讀者點選進入你的網站，你的地位就會和排名第 17 的網站一樣。如果文章乏味，或寫得不好，他們還可以點選數百個其他網站，取代你的位置。

因此，若有機會說服讀者選擇你偏好的行動時，你需要做兩件

事。第一，寫出具說服力的文案。第二，讓讀者樂於閱讀。

為什麼要撰寫愉悅人心的文案？

所謂的「愉悅」，不是指他們開始讀你的電子郵件或促銷信件，然後開始微笑、記筆記，指出你寫的隱喻要表達些什麼。我的意思是，深入與他們的大腦連結，寫一個迎合人類基本需要的出色故事。文風應該隱而不顯，卻仍然引人入勝，讓他們無法自拔地一路讀下去。

在此前提下，我們的寫作（也就是說服力寫作）可借助形形色色的文字風格，包括小說家、劇作家、記者的風格，但無論如何，必須避免任何突顯個人風格的創作。換句話說，就是不希望讀者注意到我們的文風。（或者，什麼時候該讓讀者注意到我們的文風？第二部會深入說明。）

就小說家來說，讀者瞬間察覺自己正在閱讀小說，問題不大。因為第一，讀者已購買書籍。其次，作者的文筆好，讓讀者廢寢忘食地閱讀，這也許就是吸引他們買書的部分原因。

對你我這群為了說服他人而寫的人來說，讓讀者意識到他正在閱讀是很糟糕的。一旦讀者發現或有些懷疑自己正在閱讀垃圾郵件、廣告、行銷文字，或者是單純的商業書信，他們馬上會失去對文字和其內容的興趣。

那我們該怎麼做呢？小說家也許要想想角色、情節、人物關係等等層面，但至少他們還擁有甘心渴望閱讀的讀者。

至於我們面對的讀者，頂多就是容忍我們的寫作，即使他們造訪我們的網站、搜尋資訊，也明白自己是產品／服務銷售的目標對象，卻更有可能對我們的文字心存敵意。然而，我們必須推銷，若任務失敗，不僅是我們寫手的失敗，也進一步牽連到企業主或經理人。

我的新文案準則，讓 AIDA 望而興歎

我們來玩一個字詞聯想遊戲。看到以下的英文字母縮寫，你第一個想到的是什麼？

AIDA

如果你回答：「歌劇」，請離開教室。如果你說：「二十世紀中葉常用的文案準則，自 1970 年代起改為 AIDCA（C 代表信念），」你可以留下來。（正確回答以下準則，賞你一顆金星。）

注意（Attention）。興趣（Interest）。渴望（Desire）。信念（Conviction）。行動（Action）。這個不錯，對吧？我曾開班授徒、曾出書說明，而且也活學活用它。可是現在我發展出新方法，讓人們順應您的思考方法。它的基礎來自於心理學和神經學，特別是做決策時情感扮演的角色。

TIPS 準則

TIPS 準則透過勾起讀者想要尋找娛樂、與人連結，備受重視、肯定和滿足的心態，把他們從漠不關心導向為滿腔熱情。

它旨在於潛在顧客毫不察覺的情況下，循序漸進地勾起他們深層的情感。

T 代表誘惑（Tempt）

吸引潛在顧客對銷售文案產生興趣前，你必須給他們充分的理由去閱讀你的文案。站在人類文化歷史的此刻，我們很難找到無法分辨廣告的人，無論它出現在社群媒體、他們喜愛的雜誌或公車車體外等等。這表示我們不妨認為，他們很清楚我們在向他們推銷。

　　廣告文案的寫手和其設計或電視部門的同事很了解，一流的創意能吸引消費者的目光。業務推銷的先決條件是 AIDA 原則中的「注意」（A）。因此，他們的問題往往是把笑聲、淚水或「天啊，你一定要看看這個」設定為目標。手段成了最終目的。對我們來說，這樣做還不夠。我們希望他們注意，好讓我們繼續下一步。所以說，我們如何誘惑潛在顧客繼續閱讀文案？

　　最強效的法則是深入連結他們的情感。因此，常在汽車雜誌看到的標題：「您的保時捷愛車的終極配備」，是不太足夠的。

　　當然，廣告文案下面還搭配了一張閃亮的 911 照片，但雜誌裡滿是這樣的視覺呈現，而且幾乎都是行進中的酷炫車子。這些如何連結潛在顧客的情感？如果說，弄個可以讓他們開心、傷心、厭惡、生氣、驚訝或嚇倒的廣告呢？

　　以下是給我們的保時捷零件經銷商的三個標題：

「我好愛那輛車，直到這件事發生為止。」
她好美，不是嗎？
插鑰匙、車禍、放在車庫裡腐蝕生鏽。然後有個人做了件神奇的事。

　　請注意在這一點上，我們真的是企圖在潛在顧客翻書頁、點選另一個按鍵，或輕掃至其他畫面前，捕捉他們的注意焦點，而業務推銷則隨後才會登場。

　　誘惑的另一種形式是：撰寫誇張的廣告文案標題，騙取讀者點選。它們的魅力無法抵擋，直到你發現潛藏於文案下的算計露出馬腳。一般來說，它們仰賴我們的渴望，希望體驗到正面的情感，例如因喜悅或想像而變得快樂；或者是滿足我們的好奇心，希望看到

別人出糗，或一些「八卦」消息。

例如這樣：

> 有 31 個人希望自己是躺在床上。第 19 個人的原因會讓人從臉紅到腳底。
>
> 最受歡迎的男子樂團主唱參加派對後得了奧斯卡金像獎。
>
> 和第一夫人在一起的那個人是誰？
>
> 真的是網路上最可愛的動物照片。茶杯上的環尾狐猴寶寶可愛得讓我尖叫。

I 代表影響（Influence）

現在你已成功誘惑他們，接下來要做兩件事。首先，誘惑他們時提出的承諾，你都要一一滿足。接著開始潛入他們的深層動機。請注意：你還不能向他們推銷。把思緒切換到效益清單為時尚早，他們仍處於「取悅我吧」的模式。你現在可以做的是編故事，吸引他們走進你的世界。

假設你要寫推廣新健身房的文案。你用一男一女一起做重訓的照片來誘惑他們。你的標題是這樣的：

> 一年前，這兩人當中有一人的體重是 107 公斤。

很簡單的拼圖故事標題，不繼續讀下去，實在太難了。潛在顧客會心想：「我就是想知道到底是誰，只要讀到答案，我就不繼續讀了。」

但他們繼續讀下去了，對吧。因為你不會讓他們輕易逃出你的

魔掌。你是這樣做的。你寫道：

> 嗨，我是思文。照片裡面的人是我。我想我看起來還見得了人。可是如果你看到我一年前的自拍照，你會嚇一大跳。
>
> 　失控的脂肪、正走在心臟病發的道路上。（醫生是這樣跟我說的。）

　天啊，我真的想知道兩個人之中，到底誰是思文。也許是那個女的。還是多讀幾行找答案吧。

　不如我們現在就把潛在顧客從水深火熱中拯救出來。

> 我決定做的第一件事是運動。我太太建議我加入健身房，這樣我可以獲得幫助，還有器材可用。你猜怎麼了？我減重非常成功，他們請我當莎拉的健身顧問。
>
> 　我身旁就是正在重訓的她。

　天啊！是那個男的！

　到了這個點，潛在顧客也許就不再讀下去了。畢竟他們已取得所需的資訊。但為時已晚，因為我們已微妙地開始影響他們的情感。

　請記得：我們最終的推銷對象是一群覺得自己必須加入健身房的人。也許不想加入健身房的人會繼續閱讀廣告，因為他們正在等候洗牙，但他們不會購買服務。我們的潛在顧客，也就是想要加入健身房的人，剛讀了一則標題，以及文案裡的幾個句子。他們已經讀了我們的文案。內容描述的是他們能認同的人。

P 代表說服（Persuade）

現在，你的潛在顧客愛上你的文案，接下來就把同一類型的人的故事，轉換為他們的故事。你即將利用論點、佐證、例子和進一步的情感融合，建立健身房對他們有好處的論述。就像這樣：

> 我不知道要從哪裡開始著手，因此我用 Google 搜尋。螢幕跳出 The Lawns 網站，我喜歡他們談論運動的方式。
>
> 他們把運動變成人生樂趣。不是汗流浹背、人人都要當個舉重選手，而是單純地想要健康、身材勻稱的一般人。他們也有（像我這樣的）健身顧問，免費提供建議。
>
> 我為莎拉規劃了一個包含七項重點的減重健美計畫。
>
> 我們的前六週，每週一起做運動一次，真不敢相信莎拉的改變如此迅速。就好像我當時一樣。

現在你可以開始討論效益，但記得，大部分人都多多少少知道，加入健身房有助你減重和健美，因此你必須還有更好的東西可以說。幾乎所有舊式廣告的內容，都可在此陳述。

其中包括：佐證、優惠、薦言、退款保證，以及豪華更衣室、現代化器材，還有香草香味的毛巾。問題在於：大部分私人健身房都有這些，所以差別不大。但你說故事的能力，卻能創造優勢。

S 代表銷售（Sell）

你不會以為這樣就結束了，對吧？在這個過程中，你的客戶、財務總監或投資人會直視你的眼睛，針對你的文案問一個簡單問題：「我們會從中賺到錢嗎？」

你將堅定回答：「會的，很多很多錢。」

因為你即將用最深層、最紮實有力的情感訴求，為廣告作結。你將透過銷售，修正潛在顧客的行為，直到他們成為會員。且慢，讓我們更具體說明，如何成交這筆生意。

在本階段還在看你文案的潛在顧客已被說服了。他們只需要你輕推一把，尋找信用卡，然後拿起電話，或填寫線上會員申請表。

4R 準則

達成交易的最好方法就是用我的 4R 準則。複述（Repeat）：從頭開始複述你的故事。提醒（Remind）：提醒他們要選擇你的原因（換句話說，就是產品／服務的效益）。一再保證（Reassure）：一再說明他們作出正確的決策。接著是：釋放（Relieve）他們口袋裡的錢。

這是你拿槍指著他們的頭以外最強效的方法，而且信不信由你，他們很樂意你這樣做。因為他們內心深處是想加入健身房的，你為他們說出了所有「這是個好主意」的理由，也排除他們所有的疑慮。因此，除了「好」之外，他們還要說什麼？我們可能會這樣做：

和思文及其他會員一起到 The Lawns 做運動，和全新的自己說「嗨」吧。

記得，你的試用會員附帶有我們的「健美、樂趣和好極了」的退費保證，因此你不會有任何損失（除了身上那多餘的幾公斤之外）。

立即來電：0800 555 1253 和我們友善的新會員團隊組長茉莉聯絡，或造訪我們已確保安全的「歡迎新會員網頁」，加入我們的陣營。

要推陳出新嗎？

這意味著 AIDA 就此告老還鄉了嗎？當然不是！自從我利用文案寫作賴以為生以來，這個準則就忠誠地為我達成任務。但它的運作過於機械化，太著重於文案寫手必須用簡單的方法來寫文案。

我喜歡（我發展出來的）TIPS 準則，因為它談的就是顧客和其情感。

這才是銷售真正開始之處。

圖 0.2　4R 準則

R1 → R2 → R3 → R4 ●

複述　　　　提醒　　　　一再保證　　　釋放
你的故事　　他們主要效益　他們已作出　　他們口袋裡的錢
　　　　　　　　　　　　正確的決策

閱讀和實作本書時要記得一個重點：你以前學過的文案理論仍是對的。原則上是這樣。只不過：一旦你開始了解如何從顧客的角度看這個世界，就可探索如何進一步掌控與運用語言的魅力。其中一個絕對適用的技巧是：簡化所有事情，讓自己能完全掌控。浮誇的語言只能說明你很能寫，但卻不太可能勾起讀者的情緒，特別是：快速了解你的用意、產生共鳴、訴諸感官和日常語氣。

第一部

21 世紀的文案術：
當今潮流、未來趨勢

01
創意
是為了得獎，還是真的把東西賣出去？

　　在文案寫作裡經常出現的名詞當中，我最質疑「創意」（creativity）一詞。它作出太多承諾，貢獻卻不多。每個人都知道創意是好東西，還有些廣告業者設定名為「創意作品」的類別。在本章中，我將探索文字對文案寫手的意義，以及我們是否可利用、連結其他創意方法，或另行發想自己的創意。但先來下定義。

何謂創意？

　　何謂創意？既然我們在談創意了，先來談談我們為什麼會在這裡吧。這世界上有神嗎？什麼是藝術？當我準備撰寫本章時，我跟每個人一樣，上網 Google 一番。不久我就放棄了。因為網路上有幾萬億條連結，試圖要為創意下定義。大部分強調幾個和解決問題、原創、全新，以及與非明顯的思考相關之核心想法。

　　「假以時日，大腦和潛意識能創造真正的魔法。」

　　　　　　　　　　　　　　　　——維奇・洛斯（Vikki Ross）

　　然而，我擔心我們的產業把這個詞定義得過度狹隘。你的新事業夥伴引進客戶。你的業務部夥伴和客戶吃午餐賣廣告。你的企劃人

員和策略專員提出見解。而你的創意作品做以下兩件事之一：寫文案
或設計廣告。特別是現代的趨勢可見到「混合創意」的興起，也就是：
也寫文案，同時也是美術指導。

　　還有另外一個字讓我頭皮發麻：「美術」（art）。從廣告公司
把平面設計師定調為「美術總監」那一刻開始，商業就被推到房間
後面，那邊放了一把蓋著醜陋尼龍椅套的椅子，上面還黏著口香糖，
讓商業坐下去之後就動彈不得。

　　創意潛藏的玄機來自於字典的定義。在我的《牛津英語詞典簡
編》（*Shorter Oxford English Dictionary*）裡，「創造」（create）的
定義的頭五個字是：「神聖的存在……」

　　在文藝復興時期，創意的意思完全與「人類天賦具備的神聖創
造力」合為一體。直到啟蒙時期，這個詞才開始帶有人類認知和想
像力的涵義。

　　照外行人的語言來說，「創意」指的是「藝術家氣息」，也可
能是「匠氣」。通常他們不會認為工程師、士兵、城市規劃師有創意，
即使他們和許多其他工作都涉及大量解決問題的能力、想像力，和非
明顯的思考與即興創作。就如同瑞典知名犯罪小說作家賀寧‧曼凱
爾（Henning Mankell），他把筆下的探長維蘭德（Wallander）的父
親設定為終其一生不停地畫相同風景畫的人，就可稱得上是具有「創
意」！

　　我認為英國社會心理學家格萊姆‧華勒斯（Graham Wallas）的
五階段創意流程，最能對照文案寫手（還有設計師）運用創意來解
決問題的流程。

1 「準備」（Preparation）：準備解決問題的作業，強調個人
　　對問題的想法，並探索問題涉及的範圍。

2 「醞釀」（Incubation）：把問題內化至潛意識，外表看似沒

發生任何事。

3 「隱現」（Intimation）：創意人員「感覺」解決方案即將出現。

4 「靈感」（Illumination）或「洞見」（insight）：創意點子經過潛意識處理，湧入有意識的覺察中。

5 「驗證」（Verification）：運用意識驗證、說明，接著套用點子。

——格萊姆・華勒斯，《思考的藝術》（*The Art of Thought*, Solis Press, 2014）

讓我們把這些階段對照至文案寫作流程，且一路上找些靈感啟發吧。

準備

文案寫手要面對的問題是：「我要怎樣把產品 X 賣給潛在顧客 Y 呢？」（還有一點，假如品牌已經設定好說話口氣，你怎麼辦？）我將在第 2 章「評斷文案的正確與錯誤之道」當中，討論我們這方面的職責。我們的起點應該簡潔，而且業務部同事應提供所有背景素材：顧客背景、研究調查、早期的廣告和行銷素材、競爭者廣告等等。這裡說「應該」，但我們還可以做些事情，以便充分體會客戶和其顧客的世界。

- 我們可以造訪客戶的工廠、辦公室、客服中心、交易大廳或零售店面。
- 花些時間閱讀他們的社群媒體動態消息。
- 訪問他們的客服人員，或業務團隊。
- 花時間用一下他們的產品。（寫這本書的時候，我還在等瑪莎拉蒂的電話。）

醞釀

除上述活動外，也建議你參閱本書的第13章「如何發揮想像力、釋放創意」。我在家裡附近的田地遛狗時，會想出許多最棒的點子。就如同睡覺或做與寫作無關的事時，潛意識會浮現想法一樣。我會想像，年輕文案寫手的廣告公司非常體貼，還提供休閒室讓員工打彈子台或桌上足球，結果他／她休息時靈光乍現。但願如此。

隱現

坐在桌子前面兩眼盯著空蕩蕩的螢幕、手指懸浮在鍵盤上時，我覺得點子即將出現。它就在我的嘴邊了。我試著轉換注意力，好讓這點子能從我的潛意識走到意識腦海。這個時候，我幾乎可以聽到腦子裡打架的聲音，爭相將自己所屬的「台詞」昭告世人。接著就是……

靈感或洞見

沒錯！就是這樣！我就知道應該走這條路。我願意信任這一刻，在靈光黯淡之前盡快且使勁地把點子寫下來。

驗證

我開始打字，一開始舉棋不定，到後來打得越來越快且充滿自信。關鍵在於：我不必抬頭看螢幕。我從來沒學過「盲打」（不必盯著鍵盤看就能鍵入文字），因此我就埋頭快打。我不想看畫面顯示的字句，因為我會按退回鍵修改它、評斷自己寫得好不好，然後靈感就消失了。反而我會快速按鍵盤，企圖捕捉稍縱即逝、卻能導引其他文案內容的幾行字。從這裡開始，就是完成撰寫（初稿）的流程，然後把它擱置一陣子，再回頭編訂、潤飾、編輯、檢查，最後拿給

我們的創意總監過目，尋求意見。

頂尖文案寫手「處理」創意之道

維奇・洛斯（Vikki Ross）是英國數一數二的獨立文案寫手。她曾負責的重要品牌包括：Adidas、The Body Shop、Crew Clothing、Habitat、ITV、Paperchase、Philips、Sainsbury's、Sky、Virgin。她十分肯定自己想要當個文案寫手，因此沒有讀大學，直接投入這一行。她現在是英國的明星文案寫手之一。她是我的朋友，也是創意泉湧的寫手，我曾問她幾個和創意有關的問題。

妳如何充實自己，使妳能夠按客戶需求而產生創意？

很遺憾，我們的產業堅決要求立即的勝利，因為假以時日，大腦和潛意識能創造真正的魔法。為了按客戶需求尋找魔法，我必須經常翻閱雜誌，讓腦子裝滿字句。我不會逐頁閱讀，標題往往就能擦出火花，特別是與要做的主題相關的雜誌。（如果我需要聖誕節文案的靈感，那麼我家從每年大概五月起，就塞滿十二月號的舊雜誌！）

有時候看完工作簡報之後我會出去散步一陣子，想法就油然而生。如果工作簡報寫得好、有獨到見解或具啟發性，我還沒看完工作簡報，就會想到標題或點子。

妳常常需要用隻字片語介紹整個電視節目。妳是怎麼做到的？

我很幸運，節目還沒播放前就能先讀到完整的腳本，或是觀賞一些片段。所以，我可以像觀眾一樣，陶醉在故事裡。接著我再次閱讀腳本，然後用筆電或紙記錄下整個主題裡重要的任何元素或角色。這些筆記成為我個人的工作簡報，接著我就開始任意寫下和拼湊字句，直到我破解「關鍵字詞」為止。

何時應用創意？

　　這個問題有兩個答案。第一個答案也是準則性的高調答案：「隨時隨地」。不論你是在寫基於人工智慧的 HR 軟體、有機豆漿優格或 Kevlar 防彈背心的文案，其實都一樣，你要找出難以捉摸、非明顯和新穎的方法，說明產品／服務的效益。第二個答案則頗為務實：「視情況而定」。

創意文案是混淆視聽的煙霧彈？

　　如果客戶要求你為網站撰寫 137 種不同文具的文案，老實說，你需要的創意，不至於要消耗大量的咖啡因和嚴格的自律能力。在過去三十多年文案生涯裡，我做過許多客戶不要求新穎或創新手法的專案。他們已備妥經測試且實證可行的產品和服務推銷術，缺的只是自行寫文案的時間，或只需一通電話就能開始寫作的大量外聘寫手。在這些情況下，你可能會自問：「創意文案只是混淆視聽的煙霧彈嗎？」

　　我要再次給出不確定的答案：「也許」。太多的大眾媒體活動或 App 的直接回覆文案都顯示：文案寫手明顯渴望及／或樂於創造雙關語標題和「調皮」的文句。如果他們能掌握推廣商品的基本功，然後把搞笑的工作留給搞笑寫手或脫口秀主持人，應該會更好。

創意？有時幽默感更重要

　　有些品牌以創意語言聞名。其中之一是 Ben & Jerry's 冰淇淋。我曾問過 Ben & Jerry's Europe 的溝通部主管凱利・賀伯（Kerry Thorpe）公司運用幽默語調一事。

你認為為什麼 Ben & Jerry's 能成功運用幽默的文案口吻說話？

Ben & Jerry's 是幾乎 40 年前由兩位從讀書時代起就認識的好朋友 Ben 和 Jerry 所創立。他們在美國佛蒙特州（Vermont）伯靈頓（Burlington）小鎮開設了第一間冰淇淋店，希望公司採用的說話語氣，能陳述出對他們來說重要的議題。

談到行動主義，Ben & Jerry's 團隊很早就明白，要用親切的語氣來談論重大議題，有助於創造最大的影響力。因此，我們盡可能在推廣素材中灌注幽默感，從冰淇淋的命名與氣候變遷連結：「拯救我們的氣流」（Save Our Swirled），搭配品牌主張：「天氣溶化就毀了」，到重新命名粉絲最愛的「餅乾麵糰」（Cookie Dough）香草冰淇淋為「I Dough, I Dough」（譯注：「I do, I do」的諧音）來鼓吹婚姻平權，都展現了我們的幽默。

提到冰淇淋，可以做文章的字詞多得很。我們最知名的創意命名是：Karamel Sutra 巧克力（譯注：與印度性愛寶典 Kama Sutra 諧音）和 Phish Food 巧克力冰淇淋（譯注：Phish 是一支美國搖滾樂團，發音與「fish」相同，因此產品內含小魚狀棉花糖）。而動腦命名的過程也非常有趣。要為新產品命名時，我們可說是全公司總動員，辦公室裡彼此交換創意和雙關語。當大家知道可以不必太嚴肅時，就會很期待能寫些新東西。

你們如何激發創意？

從踏進辦公室的那一刻開始。我們的創辦人曾說過留名青史的話：「如果無趣，幹嘛要做？」我們總部設置溜滑梯、午睡墊、可帶狗上班、每天下班每人可帶三桶冰淇淋回家。

談到落實工作事務，Ben & Jerry's 鼓勵我們不僅要接受失敗，還要慶賀它。我們知道創意涉及風險，而我們願意冒險。佛蒙特州總部設有「口味墓園」（譯注：欲知詳情，請造訪網站 https://www.benandjerry.com.au/flavours/flavour-graveyard），裡面有很多實體的墓

碑，向未能在市場上贏得大眾芳心的口味告別。墓園提醒我們，創意及一路上無數次的失敗，都能讓我們變得更好，並製造更美味的產品。

跨不同平台／溝通通路會運用不同的說話語氣嗎？

不會。無論是在社群媒體、與某位粉絲對話，或者是主張類似氣候變遷的重大議題，我們以正面、親切且有趣的語氣說話，希望每個平台和溝通通路的消費者都因此而會心一笑，認同我們的品牌。

既然要寫東西，就努力寫吧！

文案寫作是養家活口的好方法。與其他行業相比，坐在有中央空調的辦公桌前敲打鍵盤就能賺錢，真的是好得不像話。但你還是要忍受無聊的光景。我曾經服務過一位客戶，他專門出版銀行和律師業的厚重參考書。文案寫得不錯，而且有很多單位也輪流參閱，但老實說，寫這樣的文案不太有趣。做太多這樣的工作，可能會讓我們甚至提不起勁來寫作。因此，我的處方箋是這樣的：

為自己寫作，每天。寫些什麼並不重要。日誌、同事的個性素描、書評、詩詞、歌曲、食譜、短篇故事、小說。

就為自己寫些東西。這裡沒有工作簡報。沒有業務總監。沒有經理、投資人或客戶批評你作出的努力。你可以把寫好的東西放在抽屜，或從不把它們列印出來。但它們是屬於你的。

自從我寫了本書的第一版之後，就轉向開始寫起小說。我寫了一些動作驚悚故事，到 2019 年 1 月為止已出版了十本小說。我發現我的創意有了兩項改變。

第一，它變得更純熟。我可以醞釀更棒、更刺激的情節，以及更多和更複雜的角色。而且經歷了二十年寫工作簡報和教導簡明英

語的真諦後，我的寫作能力也變得更包羅萬象、收放自如。我現在用我青少年時期的風格來寫作，絕不被所謂的「最佳實務」或「最能引起回應」的主張約束。

　　第二，我為客戶撰寫的文案重現創作的自由。我不是指白皮書、網站和《神隱任務》（*Jack Reacher*）系列之類的可以邊喝啤酒、邊和朋友在網路上閱讀的東西。我只不過是釋放了腦袋的某個部分，進而啟發讀者的情感，讓他們禁不住拼命追看我寫的東西。想想我能擁有這樣的能耐，（至今仍可）寫出許多消費者都不屑一顧的垃圾郵件，並以此為生，其實是件還不賴的事。

Innocent 如何維持其寫手的活力

　　水果冰沙和飲料製造商 Innocent 的品牌語言備受他牌仿效，而且為人津津樂道。為了解 Innocent 如何維持其文案寫手豐富的想像力，我訪問了該公司的資深文案人員 Hayley Redman。

Innocent 如何看待創意？

　　Innocent 積極提供我們機會，讓我們精進和發展創意技巧。從創意訓練課程，到休假去從事自己選擇的專案（我們稱此為「FedEx Days」，因為我們要在 24 小時內完成任務），我們特別關注突破日常工作的常規，讓我們有機會探索尚未在工作簡報中出現的想法。

這些事務總是和寫作相關，還是會試著做些和寫作無關的活動？

　　我們常常一起短程旅行，做些有創意的事，例如：徒手凸版印刷和字體創作。這些事可幫助我們用不同的方法思考工作，刺激一下大腦。我們會去參加一些會議或頒獎典禮、欣賞啟發靈感的作品；此外，公司也鼓勵我們在活動期間談論 Innocent 和品牌語氣。當然，我們還特別著重有助於雕琢寫作功力的訓練。

> ## Innocent 的文案寫手如何跟上時代潮流?
>
> 我們可以自由自在地探索自己覺得很感興趣、想要深入了解的事。所有來自歐洲市場的寫手每半年都會聚一次,參加寫手俱樂部的專題討論,談談彼此的挑戰和成功,看看來自不同國家的傑出作品。這樣做有助於我們維繫一貫的說話語氣,也了解不同市場如何解決富挑戰性的文案簡報,帶給我們許多的靈感。

如何突破刻板思維,變得更具創意(或更沒創意)

文案寫手如同變色龍。不是說我們的眼珠子像變色龍那樣凸出且溜溜的轉,或是有一根黏答答的長舌,而是指融入每個人周遭環境的能力。在我們的情況下,「周遭環境」一詞有兩層意義。

第一,客戶的角色扮演;第二,寫作對象的心理藍圖。

中產階級的挫敗

如果你來自舒適的中產階級,並在為債務公司撰寫文案,你需要轉變心態的地方可不少。首先要想想,哪些人會碰到金錢的煩惱(而且,幾乎肯定他們不覺得自己已陷入「財務困境」),以致於債權人會派人上門討債?如果某人在這種情況下欠你錢,你會怎麼想?此外,哪種人會經營債務公司,而且還真的會上門討債?

如果我們的客戶像我們這些文案寫手一樣平凡無奇,而且目標銷售對象也和我們一樣的話,生活就單純多了。雖然,我們的生活可說是超級無聊乏味的。可是,不管你相不相信,生活並不單調,很少是單調的。大部分時間我們都在向各式各樣的人推銷或溝通,而他們大多與我們截然不同。這可能就是問題的開端。

我們天生都存在成見，在長大成人的過程中，成見更根深柢固，而且經驗也確認它們是正確無誤的。有些人會排斥威權，別人叫他／她做什麼，他／她就非要反其道而行不可。而其他人做決定時喜歡冒險。還有些人尋求群眾的智慧。文案寫手也不例外。我認識和教導過數百位文案寫手，他們往往在社群媒體或自己的部落格中展現以下偏見。

文案寫手的 11 種偏見

1　「商人是理性的，因此在企業對企業（B2B）的文案中，情感無容身之地。」

2　「我不用我覺得醜陋的字型。」

3　「我不相信長文案的效果更好，所以我連試都不會去試。」

4　「網路使用者的注意力比較短暫，所以我的文案也應該要簡短。」

5　「俗氣、野心勃勃和膚淺的文案往往是錯的。」

6　「我們不必告訴消費者這個產品的效益，因為效益顯而易見。」

7　「幽默的文案能自然而然打動顧客。」

8　「告訴你不能用『還有』（And）作為句子開頭的人，都是白痴。」

9　「錯放英文撇號（'）的人，都是白痴。」（譯注：幸好繁體和簡體中文裡都沒有這個符號，少了好多白痴。）

10　「修改我寫的文案的人，都是白痴。」

11　「閱讀八卦小報的人，都是白痴。」

這些刻板（rigidity）思維限制了生活模式，而且特別對我們這

一行有害。我們的職責是：為我們的客戶、僱主或事業爭取最佳利潤。就這麼簡單。

我們可不是藝人，也不是正在尋求住戶「參與活動」的社區外展經理。我們是業務員。你可以想像一家業績為零的公司，來驗證我說的是否成立（因為你心深處的成見，早已在吶喊：「抗議！抗議！」）：沒有利潤，所有文案寫手將立即失業。

刻板的「優點」

當然，刻板也有其優點。其中一個是力量。一旦我們刻板思考時，我們可以站穩並熱忱地捍衛特定立場，因為，身為口齒伶俐之人，我們說話的活力十足。如果我們處於這樣的情緒，爭論時要贏我們，可不是容易的事。因此，許多客戶／經理最終決定用其職位階級壓我們。也因此進一步強化了我們的成見，認為「客戶什麼都不懂」。

刻板也可以節省時間。

一旦我們不需要考慮其他替代方案（當我們認為自己是對的），就可以馬上動工寫文案，無需深入思考問題。這讓我想到很多現代政治人物的發展過程：大學讀政治系、到國會議員辦公室或智庫當實習生、爭取政治顧問的職位，最後在眾議院占有一席之地。

這樣的人生不太可能培養出同理心，能體恤失業的客服中心員工的困境、打兩份工的單親媽媽，或擔心移民會影響他們生計的人們。

最後，刻板讓我們得以刻劃人物個性。你是走在時尚尖端的文案寫手、我是從未和一人公司合作的文案寫手、她是總比任何人都懂英文的文案寫手。

但刻板是沒禮貌且懶惰的傭人。它鼓勵我們預設立場、促使我們倉促做決定、以偏見取代開放的胸懷。

很多自由接案的文案寫手處事時也展現刻板的思維。最好的例子是這句話:「我的行情不會比這個還要高」,「這個」指的是他 /她的任何文案工作收費。據我的經驗,「這個」是指每小時工資介於 25 到 60 英鎊之間。

他們是怎麼知道的?他們怎麼知道草創公司的客戶不會付更高的費用?他們怎麼知道自己吸引陌生客戶掏錢的本事,會比技工修理汽車引擎的能力更差?成見就是這樣。刻板思維。「這是像我這樣的人的行情價,因此我也這樣收費。」所以,我們可以怎麼做呢?

借鏡伊索寓言

從語言學和心理學來看,一切都涉及彈性。伊索寓言裡有一棵雄偉的橡樹向蘆葦誇耀自己的強壯。天空突然捲起一陣狂風,在這股無情的力量下,橡樹折斷為二,而蘆葦則在風中彎腰。風過去了,蘆葦的腰桿再次挺直。蘆葦擁有彈性的頭腦,能順應變化莫測的處境。它不投降,而是優雅的適應。

身為文案寫手的我們,該如何學習或展現這樣的彈性思維、這樣的創意思維?一開始先整理出常見的心理成見清單,也許會有幫助。這可能會讓你不太舒服。我們可能會寫下類似這樣的句子:

我是專家,因此我了解在每種處境下怎樣做才是對的。

熟悉的東西,比不熟悉的來得好。

聽到以不同想法為基礎的論點就嗆爆它。

沒問題,因為第二部分的練習就是寫下克服這些成見的方法。

專家也可以決定先問五個問題,然後再決定怎麼做。渴望安全度日的人也可以改變日常習慣。喜歡嗆別人的人也可以善用語言,去支持他人的下一個論述。

　　我們的彈性思考，也能進一步針對相同問題，去探索多個解決方案。與其拿起「長文案最棒」的球棒狠狠敲打鍵盤，不如把時間花在發想一段兩分鐘的影片腳本。

　　與其發想排列成橢圓形的雙關語標題，不如坐下來研究產品，思考它如何能讓顧客日子過得更好。與其拒絕客戶的文案修改要求，不如施展創意，思考怎樣重寫，同時保留原有的銷售力。

是時候放下成見了

　　「摒除成見」一詞，馬上讓我們心裡發毛，同時又釋放身心靈。心裡發毛是因為成見是我們個性的一大部分，少了它就好像沒穿衣服一樣，少了保護屏障。釋放身心靈是因為我們可自由自在地思考任何可能性，而不僅是核准清單上的事項。我竭力跳脫自我的信念和成見牢籠，而且看到這樣做對我的生命和寫作所帶來的差異。刻板思考讓你停滯不前嗎？

　　是時候像蘆葦一樣彎腰了。

02
評斷文案的正確與錯誤之道

當我或和我合作的寫手要開始寫一份新文案,我必須先有一份資訊。不是維基百科,而是工作簡報(the brief)。沒有工作簡報,就不能開工。

一切都從工作簡報開始

制訂文案簡報(無論是不是給文案寫手閱讀)總是一個蒙著神祕面紗的流程。到今天還是會有客戶問我,有沒有範本可以給他們參考。提供範本是沒問題,我從善如流。但並不是非用什麼範本不可,因為工作簡報才是重點。

以下是我們寫手應該問的問題。

檢核清單:動筆前的 10 個提問

1 撰寫文案的目標為何?

是要銷售產品嗎?推廣免費服務的試用嗎?對某個想法挑起群眾的關注和迴響嗎?

2 文案的目標對象是誰？

對某種東西上癮的人？科羅拉多州的居民？車主？

3 這群人有什麼特色？

他們有什麼盼望、夢想、愛好和厭惡的事？他們的人口統計資料為何？心理背景分析是？宗教背景是？財務背景是？政治立場是？哲學理念是？

4 我們在推銷什麼？

產品有什麼特色和功能？它比該公司之前的產品有什麼不同或更好的地方？和競爭品牌的產品相比呢？和完全可替代它的產品相比呢？

5 我們寫的文案對讀者有什麼效益？

它會增進讀者的健康嗎？或讓他們賺錢（或省錢）？讓他們受歡迎？

6 讀者看完文案後應做些什麼？

輕觸按鈕？填寫優惠券？收藏某項產品為「最愛」？

7 有沒有什麼原因可能阻礙讀者不去做他們應該做的事？

品牌去年發生了嚴重的公關事件嗎？我們的產品比競爭品牌貴10倍嗎？產品的用法很複雜嗎？

8 我們應遵循什麼品牌指導綱領？

品牌有沒有設定溝通語氣？有指南或手冊可參考嗎？有影像可

參考嗎？

9 文案寫作的期限是？

什麼時候需要完成初稿？需要多久時間修訂？何時要上線？

10 誰將參與核准流程？

只有行銷人員嗎？行銷人員的直屬主管？首席行銷長？事業所有人？董事會？

工作簡報的精髓可歸納為以下兩個問題：產品（Product，縮寫 P）是什麼？讀者是誰（Reader，縮寫 R）？

因此，文案工作及負責的寫手必須先了解 P 如何為 R 帶來效益。接著是第二，如何說服 R 渴望想要 P，以致於採取符合行銷目標的行動。

缺乏工作簡報 / 工作簡報做得不好時，該怎麼辦

也許你不需要我幫忙，也可以回答這問題。不過就讓我們把問題拆成兩半，分別回答這兩半的問題。

客戶有責任先做功課，充分掌握企圖解決的問題，接著再要求文案寫手去解決問題。

——馬克・比爾德（Mark Beard），《經濟學人》（*The Economist*）
數位媒體和內容策略部資深副總裁

不需要工作簡報

在此節，我還想討論一種狀況，就是工作簡報看似很誘人，但缺乏所有構成工作簡報的必要資訊。幸好這種事在我職業生涯中只發生過兩次，但兩次我都哀痛無比。（我應稱此為「哀痛工作簡報」）。待會再深入說明。

沒有工作簡報很難做事，因為你要為其寫作的人（我們稱他們為客戶）是用「心電感應」把他們對文案的需求傳送給你。通常，沒有工作簡報的狀況會像這樣：

> 客戶：要請你幫我們的產品寫些網站文案。這些小冊子和這些網頁連結已包括所有資訊了。
>
> 作者：好的。你可以再跟我多說些什麼嗎？
>
> 客戶：嗯，沒有了。這裡面都說得很清楚了。

如果客戶用這種方法給你資料，**不要動工**。婉拒客戶想打動你開始敲打鍵盤的企圖。告訴他們，你已幾乎準備好要開始工作了，但你需要先取得幾個問題的答案。不要用「工作簡報」這個字眼，因為這可能會讓他們覺得一開始就要寫東西。（也許他們有寫作恐懼症。過去我曾指導的資深主管就是這樣，他在校讀書時曾被僧侶敲腦袋，說他沒有「好好」寫作。）

接著把我上述的十個問題傳電子郵件給客戶。說明這樣可以節省他們的時間；初稿寫好就等於完成了 95% 的工作。如果他們說忙得沒空寫工作簡報，告訴他們沒寫工作簡報，日後可能要花更多時間補漏洞。

　　　　如果我是個文案寫手，如果我有一絲懷疑客戶不知道自己要什麼，我會退回客戶的任何工作簡報。就如同大衛・奧格威（David Ogilvy）所說：「給我一份詳盡的工作簡報，我才能得到自由。」客戶有責任做好他們的功課，並充分了解他們想要解決的問題，再來要求文案寫手制訂／實行解決問題的方法。「一開始就不清不楚，表示無法根據確切的目的來評斷作品的好壞，這樣做終將導致失敗。」

——再次引述馬克・比爾德的話

沒有工作簡報？那麼可以「自我膨脹」嗎？

　　現在來談談「哀痛工作簡報」吧。第一次發生這種事是我被客戶召見，要我到他的廣告公司跟一位發明家見面。

　　他告訴他們的創意總監：「我要安迪・麥斯蘭。」「我就是要他。」

　　我們在吃煙燻鮭魚奶油起司貝果時，他當著我面又說了一次。他花了兩個小時滔滔不絕說明他的發明有什麼特色，而我則躺在他對我的恭維所發出的光芒下，享受著日光浴，完全忘了請他提供任何與推銷產品相關的資料。

　　結果他拒絕了我的初稿，說：「我要沸騰的硝酸，這是杯不溫不火的茶。」

　　我極度尷尬地再寫了兩則廣告，它們的概念、語氣和風格與第一則稿件完全不同，兩者之間也迥異。我同時也提議退費給他，但他提出異議並表示：「不，這樣可以。我想我可以用裡面的部分內容。」

　　因此，如果說文案寫手搞錯狀況，那到底是發生什麼事？《經濟學人》的馬克・比爾德有話要說：「這通常是以下兩件事的其中之一。客戶提供不完整的工作簡報，當中未清楚說明目標對象是誰，及／或廣告應向他們傳達的訊息（有時候是因為客戶未妥善做好研究調查，以致未能真正了解他們的目標對象）。或者是，文案寫手對品牌或

目標對象有先入為主的想法，沒有認真去讀工作簡報及 / 或深入探討客戶提供的研究調查和資料，就寫了些他們認為是恰當的內容。」

我猜想第二種狀況是夾雜了不同的原因。那位客戶是知名的慈善團體。工作簡報完整的內容就是這樣：「盡情發揮創意。我們要的是可根據我們的控管準則來測試的一封情感豐富的信。」聽到文案寫手摩拳擦掌的聲音了嗎？首先，我讀了由專業募款機構擬訂的控管準則。他們告訴我，募款的表現不錯。接著我就寫了自認文質並重的信函傑作，內容同時喚起感激和內疚的感受。它說了一則慈善團體總監提供的故事，當中保留了控管準則的骨幹。客戶告訴我他們曾對捐助者進行廣泛研究，之後才慎重設定出這套準則。

沒想到客戶的回應是全然靜默。我惶恐等待了一週之後，傳了封電子郵件給客戶，問她對初稿的看法。她說：「我看了之後覺得不太舒服。文案的架構和控管準則相同。我們決定不採用它。」

我想說的是：「它『本來』就是要讓你覺得不舒服。而且妳告訴我架構經過『證實』是行得通的。」但我實際上回答她：「這樣啊，好的。畢竟妳比我清楚狀況。」

在這兩種情況下，我的自大和假設阻擋了我的久經考驗和測試的流程。請不要讓這種事發生在你身上。

如何回應工作簡報

就讓我們假設，你已避免犯像我這樣的錯，手上拿著一份慎重撰寫的工作簡報。還有幾件事是要思考和提問。一開始我會提出這個看似簡單的問題：

「每個要核准我的文案的人，已經核准了工作簡報了嗎？」

你會很驚訝，答案往往是沒有。這才是真正的問題所在。我在本章最後會說說這種情況，因為如果他們沒有核准工作簡報，他們如何評斷你的文案寫得好不好呢？工作簡報是否已說明它作為解決方案的優點，以便解決與特定事業或行銷相關的問題？還是存在其他你毫無所悉的其他條件？也許是他們其實不喜歡在文案裡說故事，或是偏好模仿某個知名品牌的俏皮說話語氣。

如果可以的話，試著和所有我們稱為「核准小組」的所有組員談話，或傳送電子郵件溝通。不然你很可能會因為不同的特別興趣小組伸出魔爪染指你的文案，以致於經歷一連串的挫折，和無謂的文案重寫作業。沒錯，我知道你不見得非這樣做不可，但在這樣的情況下，找你的客戶（或他們的代表）談談，至少試著取得一些資訊，了解這些隱形的魔爪想要怎樣審核文案。

接下來，仔細閱讀工作簡報。一份看似塞滿了有用資訊的簡報，也可能是搪塞了 90% 的樣板文字，只列出適用於公司每一種產品的品牌價值、搜尋引擎最佳化作業（SEO）或其他的數位最佳實務，以及幾乎一無是處的公司背景資訊。

把這個和前述的檢核清單比較一下。如果還有未回答的問題，回去找客戶解答。沒做這件事，你就會聽到老生常談的一句話：

> 愛寫什麼就寫什麼，什麼都好。

其實不是這樣的。

如何「推銷」自己的想法

　　喜歡寫文案的人，不論他們的正式職稱是什麼，都不喜歡推銷。這事挺奇怪的，我以為推銷就是他們的工作。在這點上，我承認自己不夠誠實。我明白他們的意思。他們情願寫作，而不願意面對人群，說服他們買東西、或是做些或同意些什麼事。如果他們不是這樣的話，他們應該就是業務人員了。

　　但到了某個時刻，你會埋頭苦寫初稿，一直寫、一直重寫，寫到自己滿意為止。這看似把工作簡報上的所有方塊都打勾了。嗯，文字流暢。是品牌說話的語氣。內容清楚、精簡和貫徹。然後就送到客戶的手裡。

　　也許你很特別。你寫的東西從未被客戶打槍修改過。而我呢？嗯嗯。好吧，就只發生過一次。大部分時間，你的客戶（也可能是你老闆）會想要修改。這可能會讓你很挫折（他會用外交口吻說明）。請將你的怒氣、破滅的夢想，以及自殺式的憤怒放一邊，然後解析和歸納他們的修改為以下兩類之一：

- 這修改會改變文案成功的機率，也就是改變訂單的數量
- 這修改不會改變文案成功的機率，但會改成和初稿不同

　　我知道你在想什麼。你怎麼可能知道哪種修改會減損文案的效力？舉個例來說好了，如果以下的行動呼籲的文字，從：

> 立即加入，省下 33% 的錢

被改成

> 若你立即加入，你可以省下最多 33% 的錢

　　我會堅持用第一個。

　　在此建議你盡量別使用第二種寫法，同時也要搶救你的自尊（和自我控制）。此外，在你能做到的範圍內，盡量保護第一種寫法。但是，要這樣做，你需要理由。光說「我的版本比較好」是不夠的，而且可能也行不通。

　　最常見的客戶反應自然是：「我付錢，照我說的做。」讓你行得通的理由是：提出各式各樣的佐證。你可以引用曾進行的測試，讓你可以證明你的版本會帶來更好的成績嗎？有沒有學術文章，能支持你的想法？還是說可以引用知名文案寫手說過的話？有沒有針對兩個版本進行簡單的可閱讀性測試，證明你的版本比較容易了解？這些都會有幫助。

　　以下是我的最佳表現祕訣。傳送文案給你的客戶／老闆時，寫些類似這樣的話：

嗨，喬，

這是我的文案初稿。

希望你認為它有符合工作簡報的要求。

　　這可以達成兩個目的：鼓勵他們思考你的文案，而不是憑感覺行事，同時建議工作簡報是最適當的評量準則，而不是他們主觀的判斷。

主觀的詛咒

　　我已用了一輩子的行銷生涯計算訂單數量——雖然現在訂單都已變成雲端虛擬作業，而有些訂單則是潛在顧客的資料、下載或註冊接收電子報。而且我也常常碰到很多人——客戶、文案寫手、美術

總監和設計師──明顯有在兼差。要如何解釋他們的無視於業績呢？他們使用了許多不適當的做法。

最常見的錯誤就是：把文案寫作當成一種藝術。你可以馬上體悟到這事的發生，因為評斷文案的人會讀出文字，然後抿一下嘴說：「我不喜歡。」或是在極罕見的情況下大聲說：「我喜歡。」但誰會在意呢？文案可不管什麼人喜歡或討厭它的。

有別於美學作品，沒有人可以主觀評斷文案。問題不是：「我喜歡它嗎？」而是：「它有效嗎？」或更精確來說：「能夠利用科學控管的測試，來判斷這則文案比我們現在用的還要好嗎？」

通常比較有效的文案，往往不是寫得美美的東西。在很多或所有的情況下，大部分藝術傾向者都會覺得此類文案在視覺上很糟糕。但統計數據顯示的明顯更好的結果，很難用一句「糟透了」就輕易打發掉。但我就曾經歷這種事。當時我建議設計部用 Courier 字體測試某個慈善訴求廣告，某資深設計師就這樣對我說。

讓我們談談委託文案工作的人吧。經驗告訴我，行銷部門的員工幾乎都擁有大學學歷。他們是菁英，從汽車、藝術、到餐廳和度假勝地，都有其獨到的品味。然而，他們的顧客往往都是普通人，他們不會走來走去，一直思考藝術家班克斯（Banksy）的作品會不會比布朗庫西（Brancusi）的好，或是舊石器時代飲食法，會不會比玉米粥還要遠古。行銷人員太常根據文案是否能吸引他們自己，來評斷文案的好壞。開心的是，我們還是看到例外的情況。

《廣播時報》（*Radio Times*，英國電視節目的週刊雜誌）的編輯曾跟我說：「當我讀一些你所寫的推銷訂閱的文案時，其實我都不太喜歡它。但我不會認定讀者是我自己。」我應該對她致上最高的敬意。我曾請教某行銷總監對於 Courier 字體的看法（她曾經花許多時間，對文案長度、字體等一切相關內容進行測試），她回答時

臉部開始扭曲：「我討厭它，但你非用它不可。它往往效果最好。」

　　評斷文案唯一最適當的方法是：以證據為基礎，採取嚴格且理性的法則。換句話說⋯⋯

　　就是看看訂單的數量。

03
新通路的影響力：
從行動裝置到社群媒體

　　新的溝通管道對於文案寫作的影響，端視你在 Twitter 關注的是哪些人。

　　如果他們是三十歲以下、不看書的人，那麼你所知的一切文案術就是錯的、過時的，而且老實說，毫無用處。如果你引述莎士比亞劇作《暴風雨》（*The Tempest*）中米蘭達（Miranda）說過的話，我們會原諒你：

> 勇敢新世界啊，
> 竟有如此出色的人才！

　　特別是自莎士比亞的年代起，勇敢（brave）一詞，以及其隱含勇氣的現代意義，帶有大膽和炫耀的特質。赫胥黎（Aldous Huxley，譯注：1894-1963，英國知名作家）選用它作為他反烏托邦小說的書名，描述被科技完全操控的未來，旨在以諷刺口吻，譏笑人類天真地熱衷於技術發展。好像似曾相識是嗎？

　　另一方面，如果你的動態消息之目標對象是四十多歲的讀者，你就可以使用這個訊息的鏡像。他們會（故意錯誤）引用早期的大眾媒體智者麥克魯漢（Marshall McLuhan，譯注：1911-1980，加拿大知

名哲學家及教育家）的名言：「媒介並非訊息」，或者是 20 世紀廣告巨擘威廉・伯恩巴克（Bill Bernbach）談到和「不變的男人」（或女人）溝通的感想。

事實往往是⋯⋯擺盪於兩者之間。

> 社群媒體是個奇怪的存在，它快速演化，當中卻夾雜著極度個人化以及整體性的品牌個性。
>
> ——尼克・帕克（Nick Parker）

數位年代未改變的事物

以下是沒有改變的事物。

你的顧客。他們還是需要座墊比較柔軟或跑得更快的摩托車、更有安全感的老年生活，或更令人興奮的愛情生活、擁有嵌入人工智慧的桌子、智慧型手機或冰箱。這些東西不會讓他們成為不同的人。他們的腦部結構依舊，包括掌管理性的前額葉皮質、制訂決策的眶額皮質（OFC）、以及管理情緒的邊緣系統。如果他們以前喜歡看老電影，現在還是一樣；熱愛羽毛球的話，現在也是那樣。

你的產品。你還是像過去一樣製造 PVC 窗框。如果你以前是提供房產交易建議的一級法律事務所，現在還是一樣。如果你印製限量電影海報，現在也沒什麼不同。

顧客需要你產品的原因。這就是廣告文案權威威廉・伯恩巴克所謂的「不變的男人」。驅動人類生存的力量，自古至今從未改變。愛、慾、貪、妒、救贖、愧疚、虔誠、同情、憐憫、野心、恐懼、焦慮、

癮、痴、惡、好奇、念舊、色……

　　文案寫手也一如既往，做該做的事。專心了解顧客想要買產品的理由，試圖建立雙方的連結。

改變了的是……

　　以下是已改變的事物，也就是我們廣為發布文字，讓它們得以被看見或聽見的地方。早於黑暗時代或 1990 年代初期（我有時候喜歡稱這段時期為「接近前數位時代」），如果你希望顧客接收到你的訊息，你可以選擇這些方法：

- 廣告
- 直銷郵件
- 登門投遞傳單
- 店面
- 公關活動
- 展覽

現在呢？除了上述方法，還有這些：

廣告：

- 數位顯示
- 點擊付費廣告（PPC）
- 社群媒體
- 遊戲
- YouTube

社群貼文：

- Facebook
- Twitter
- LinkedIn
- Instagram
- Snapchat
- YouTube
- Google+
- 等等

內容行銷：
- 部落格貼文
- 電子書
- 公告
- 白皮書
- 資訊圖表
- 影片
- Slideshares（簡報分享）

小螢幕寫作

　　無論你在線上張貼的文字是否由客戶付費，觀眾是從智慧型手機上讀到的機率都是比較高的。2017 年美國民調機構皮尤研究中心（Pew Research Center）發現，85% 的美國成人都透過行動裝置接收新聞（見 www.pewresearch.org/fact-tank/2017/06/12/growth-in-mobile-news-use-driven-by-older-adults）。此舉對你寫作的方式和文案的格式都影響深遠。

數位年代如何編排文案段落

> 讓我們來看一個例子：段落。段落的學術定義是：實質上與單一理念相關的一堆句子。一個想法，一個段落。如果讀者是從紙上讀到你的文案，或在正常尺寸的螢幕上讀它，這樣的定義也許還是適用的。儘管你知道沒有人是付費在閱讀你的文案，但當你把它拆成可管理的區塊，會讓人產生錯覺（或者是事實），覺得它比較容易讀。
>
> 　可是，從智慧型手機閱讀文案，一切都將改變。讓我說明一下。這個框框內的這兩段文字是設定成在電腦螢幕上閱讀的（我用的是 iMac）。

以上的文字，最長的一段只有幾行字。即使沒有標題將文案分段，也應該不難閱讀。

現在看看它們在我手機上的顯示方式：圖 3.1A。

看到差別了嗎？第一段占了頗大篇幅，還膨脹到 11 行，外加單獨一個字。（而且還是很諷刺的「read」這個字。）第二段也膨脹到五行。我們還沒有讀之前，就覺得很難閱讀了。

我對分段的想法，早已在前數位時代就底定了。過去我會這樣說：段落指的是關於單一想法的一段文字，除非它的篇幅涵蓋該頁五行以上。

現在我會說：段落是深度單位。理想上，一段最多不超過三行。

為了向你展示這樣做對假設的可讀性所帶來的差異，圖 3.1B 的內容和圖 3.1 A 相同，但進一步細分為不同段落。

現在，相同的文案變得誘人而且易讀。中間的空行是視覺上的踏腳石，讓讀者的腦袋得以休息。

圖 3.1

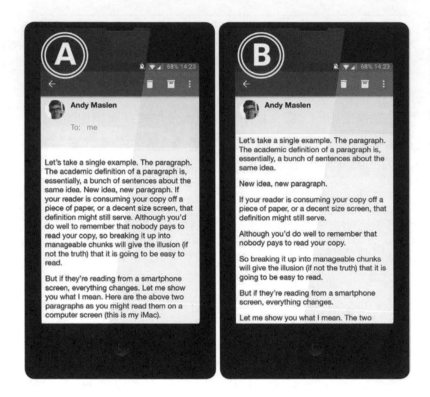

　　若你是一輩子都在寫技術文件、白皮書和個案研究的寫作者，可能覺得這是件新鮮事，但對於我們這些寫直銷郵件的人來說，這是舊聞了。

　　就登錄頁和 eshots 而言，太陽底下無新鮮事。實質上它們是遵循相同規則撰寫的直接回應文案。但是：

我們要怎麼寫社群貼文？

　　社群媒體全面改變了我們對文案的看法。現在先（暫時）不討

論業配文和推特文，撰寫社群媒體貼文幾乎比任何我想像得到的發布內容更為發自內心。如果你是某品牌社群媒體小組的成員，你常常要公開且即時地進行顧客服務交談。所以別感到壓力。

　　理論上來說，你所受到的限制，和你的數位兄弟姐妹，及你的廣告和郵件表兄弟並無二致。你會收到相同的品牌語言指導綱領、相同的品牌風格、品牌、產品和企業組織的說明。然而，你要顧及社群媒體上的多變性質，也就是那種動態性，能讓昨天的聖牛變成今天的馬肉漢堡。表情符號一度被禁用。現在則是雷屬風行的工具。明天它們可能就會過時。

　　我想，關鍵就是僱用寫得一手好文案的聰明人，然後把這些事都交給他們處理。你可以請主管監督社群媒體團隊的作品已符合品牌語氣的要求，卻不能扼殺社群媒體成為有趣工具的自發性。

　　尼克‧帕克（Nick Parker）是說話語氣專家。任何曾經為驚世駭俗、猥褻、徹底愚蠢的漫畫，或刻意懷舊，或大企業品牌寫過文案的人，大致上都會同意語氣很重要。我問他對於社群媒體上品牌語氣的看法。

　　　　社群媒體是個奇怪的存在，它快速演化，當中卻夾雜著極度個人化（因為你知道你將立即打動某個人），以及整體的「品牌個性」。而且也要以每小時數海里的速度創造其個人「文法」：當中涉及已擺脫一切「規定」的表情符號、幽默語言，以及各種主題標籤和胡言亂語。這些東西往往會讓專業文案寫手用咬牙切齒的圖示（還有驚歎號！）作為表情符號！如果我們承認可以不用完全明白、說明或「管理」這類平台，也許我們的收穫會更豐富。

　　尼克和我同意一件事：為社群媒體寫任何內容都易如反掌。寫些「符合品牌要求」的東西，則需要費些心機。

在新媒體通路發文的五大重點

1 盡可能用各種裝置來預覽你的文案，包括你自己的智慧型手機。

2 有話直說。你不能依賴讀者很有耐心地捲動畫面，試著了解你想說什麼。

3 說話語氣盡量親切自然。內容沉悶的企業網站能大受歡迎的日子，已離我們很遠。

4 記得，你還是代表品牌在寫作。要以品牌語氣作為指導綱領，而不是通路的明顯要求。

5 不要寫任何你不想畫面被擷取後，一小時內擠爆地球上每支手機的文字。

04
內容行銷：
文案如何與內容搭配？

嘿！你聽說過嗎？在內容行銷出現之前的所有行銷形式都已死亡。老派、過時、不符合時代精神。太好了！但你還是能挺起腰桿站穩。就讓我們來談談所謂的內容行銷吧。沒錯，是我們一起。只是我們要記得強調「行銷」二字，至少其重要程度要和「內容」相同。

誰偷了我的乳酪？

對行銷興趣不大的人曾經說，內容行銷出現前的黑暗時代，行銷術就如同勾著一張乳酪照片的捕鼠器。可憐的消費者被「哄騙」著閱讀文案，也許也因此掏錢購物。相反的，內容行銷則是真的勾了一塊乳酪的捕鼠器。老鼠很感謝地吃了一頓方形點心，因此願意被捕。重點來了：大部分內容行銷實際上是一大塊乳酪，可是卻完全沒有捕鼠器。

問題在於：提供大量寶貴內容卻一無所獲，代表你正在告訴你的目標對象，你會免費提供內容，而且經常如此。普羅大眾仍認為網際網路是免費空間。這真是太糟了。對此，我要提出兩點。

老生常談可以免了

首先，如果你要採行以內容行銷為主軸的策略（別忘了，生活中還有許多更好玩的東西），你就需要有內容。廢話！但內容必須要寫得好，而且要原創，也要讓人相信你。

在我所知的文案領域，我看過許多這種說法：

> 你的網頁要有標題。
>
> 文案必須和你的讀者相關。
>
> 不需要用太多驚歎號。

老實說，以上皆是。但是說這些沒什麼幫助，只會讓你因為說這些話而更像鄉巴佬。

讓我賺大錢！

第二，也是更重要的一點：開始擔心創作內容前，先整理你的行銷頭緒。沒有策略這個元素，你就是備了一堆乳酪，卻沒有捕鼠器。

要如何擷取訪客的聯絡資料？你準備要對她們做什麼？要跟他們說什麼？

接著，就是價值 64,000 英鎊的問題：要怎樣說服他們不要再期待不勞而獲，而要把錢包掏出來購物？

到了這一點，所有內容行銷大師都啞口無言，這一點奇怪得很。因為他們不得不告訴你，你需要的是勾著一張乳酪照片的捕鼠器。

評量你的內容之價值

如果消費者相信內容寶貴，那麼它就是寶貴。就內容的品質來說，這是唯一的評量標準。就製作內容者而言，理想上內容是否有價值，必須連結到可評量的方法，也就是損益底線（bottom line）。不然，至少也要連結到潛在的業務機會，或其他商業上有價值的商品。

因此，為了生存，內容行銷人員需要有更聰明的腦袋，製作與目標對象相關的內容，且能真正滿足其需要。這樣做將更花時間、金錢和精力。因此，證明內容行銷具投資報酬率（ROI）的壓力也將上升。

內容，或是數位內容，都是需要花成本的，當中的財務成本包括：設計師費用、部署電子郵件行銷活動、以及一開始時為了製作內容所花的機會成本。換句話說，**到最後**，客戶必須承擔取得財務收益的壓力。財務總監通常是公司營運的最後一線，他們不會在一堆讚、回推、分享、反向連結、留言裡看到太多的價值，因為這些沒辦法帶去銀行。當然，投資人、會計和銀行經理也是這樣。

國王的新衣

首先要釐清，運用資訊的廣告，和內容行銷是不同的。前者已經行之有年，指的是向潛在顧客提供和你的產品或服務相關的有用資訊，然後鼓勵顧客向你購買。這個想法並不新穎，甚至已經傳揚幾百年。食品公司發行食譜、輪胎公司發行餐廳指南、銀行發行投資指南：這些都是非常成功且盈利的做法。我這樣說，你可能會大吃一驚：有時候甚至廣告**本身**，也提供了有用的資訊。

但當中總涉及交易：資訊交換資訊。然而，對我來說，「內容行銷」感覺有點像國王的新衣。為什麼會有一些專業公司突然冒出來，而且

只會做內容行銷呢？為什麼會有我們從未聽說的人，從未踏足商界、進出口業或任何一種工業，卻能向財星 500 大或富時 100 大公司的行銷總監說明，該如何用內容行銷與他們的顧客連結？

所以說，問題不在於內容行銷本身，而是**堅持非做它不可**，因為它是某種行銷靈丹妙藥或玄妙魔法，以致於無法僱用正常的文案寫手做此工作，非得要用內容行銷專員不可。

企業界的行銷經理總是熱愛新鮮事，往往害怕因錯失潛在搖錢樹而落敗，因此，我們的結論很明顯：沒錯，你也可以做內容行銷，只要你能把它跟所有其他銷售和行銷活動結合起來就行。

如果你覺得它有點像是能治百病的仙丹，英國創意大師戴夫・卓特（Dave Trott）可能會向你掛保證：「別擔心你錯過了這股潮流，因為一分鐘後，又會興起另一股潮流。」

檢核清單

1　一開始不要想你的目標：點擊率、註冊，之類的。而是想想你的讀者。他們覺得什麼是有趣、引人入勝或絕對不能錯過的？

2　拒絕誘惑，別把內容寫成產品或服務的廣告。內容行銷的重點在於建立基於信任的關係。你正在免費提供寶貴資訊，換回來的是讀者對你留下較好的印象。

3　你終於臣服於誘惑，開始要求回報。內容只是資訊。但說完資訊的那一刻起，試著行動呼籲。他們已承諾閱讀你的一則內容。你可以提供更多內容，換取他們的電子郵件地址。

4　不要把你的內容創作外包給每字幾分英鎊的文案服務公司。沒錯，你會付 2.50 英鎊購買一篇文章，但拿到的是垃圾。這就是所謂的：「只給得起香蕉，就只能請到猴子」（譯注：一分錢、

一分貨）。而且有別於常言所說的「一分耕耘、一分收穫」，如果你請一千隻猴子來敲打打字機 100 年，牠們寫出來的絕對不是莎士比亞全集，而是 2,370 億字的胡言亂語，就好像你讀過的許多部落格貼文。

5　用純正的語言撰寫。人們不希望動太多腦筋在這些事上。免費提供資訊值得商榷的一點是：人們喜歡這些資訊，但不會太重視它。因此，若資訊難讀，他們就會毫無愧疚地略過不讀。

6　內容不見得是你的原創。你可以花時間從其他資料來源蒐集感興趣的資訊，然後按你當時想用的字詞，把內容寫出來。

7　讓內容容易分享。利用每個頁面的社群分享小部件，寫下你的行動呼籲，鼓勵你的讀者用它。

8　儘管關鍵詞密度（keyword density）的概念已失寵而淪為「搜尋引擎最佳化」（SEO）的一項工具，但你還是要想想讀者將如何找到你的內容。具體描述你要寫的東西、撰寫豐富多彩的內文，避免讓讀者感覺沉悶 / 生氣。

9　用超連結：a）讓內容帶點知識性的味道，以及 b）把讀者進一步推進你的個人網站。不要連結到外部網站；你不是維基百科。

10　記得，內容行銷裡最重要的字眼是「行銷」。上次我查字典時，行銷一詞指的是以可盈利的方式來達成顧客需求。你猜這句話裡面最重要的詞是什麼？沒賺錢，就是在浪費時間。銀行、股東、私募股權所有人或機構投資人要你還錢時，告訴他們你有 85,000 個 Twitter 粉絲，只會換來藐視的眼神。

如何寫出扣人心弦的內容

　　有趣的是，撰寫絕佳內容的技巧，就和寫厲害的廣告或小說如出一轍。必須用生動的語言清楚撰寫一些他們在乎的主題，而且一開始讀就停不下來。

以下是撰寫扣人心弦內容的幾個要領：

制訂文案計畫

無論是發表言論或個案研究，列出你想要涵蓋的重點。假設我想寫一篇關於「撰寫標題」的部落格貼文。簡單的計畫如下：

簡介

- 什麼是標題？
- 它的用途是什麼？
- 大衛・奧格威（David Ogilvy）對標題有什麼看法？
- 說明這篇文章涵蓋的內容。

三種標題

- 效益
- 新聞
- 好奇心

三種標題風格

- 問題
- 驚人的統計數字
- 故事

總結

- 總是訴諸讀者的個人利益
- 標題越短越好
- 留些空間給內文

行動呼籲

* 請註冊接收我的電子報

一開始就要有衝擊力，最棒的是：夠狠

它是免費的。和你讀者的付費讀物相比，它的感知價值比較低。因此，從第一個字起，就要抓緊他們的注意和興趣。

你正在寫一本跟運動營養有關的電子書。別去想一開始應該寫營養科學的歷史。而是要這樣：

> 輸家（魯蛇）！
> 如果你拿銀牌，就表示你只能這樣子：最厲害的輸家。

很殘忍，但有效。第一個字直接勾起運動員的不安。但光看字面意思，讀者不知道你在說什麼。因此，他們必須繼續讀下去。

內容一定要分段

就像老派的直銷信件一樣，你的內容必須看似引人入勝。這指的是保持段落簡短，並且用小標題，還有圖像、側欄、影像和圖表分段。

一再提到讀者

即使你寫的是書評或指南，也要用「你」這個字，把讀者帶進內容裡。這是雋永的技巧，因為在任何一份文字作品中，「你」總是指閱讀的人。他們總是對自己最感興趣、最關注。

說故事

我不是說你寫的每一則內容都要選擇用故事形式，但故事是吸引

和抓住吸引力的有效工具，如果不用這個技巧，就真的是傻子。

故事可以如此簡短：「我昨晚九點拿起這本書，開始全神貫注想讀第一章。五小時後，我讀完這本書的最後一個句子，興奮得睡不著覺。」

用生動的語言

如果你開始覺得這個針對撰寫內容的建議同時也適用於寫文案，你就答對了。賞你一顆金星！即使你是在提供資訊而非在銷售，不代表你得要用那種有點學術性的寫作風格，相反地，你要用戲劇性的語言，維繫讀者的興趣。不要這樣對游泳者說：「你將掌握翻滾式轉身的原則」，而要說：「保證你會翻滾轉身像一條海豚。」

編輯時要無情

無論你過去是寫短或長文案，完成 10,000 字電子書的定稿時，你會覺得滿滿的成就感。刪除一字一句都如同褻瀆智慧。我寫得很辛苦！花了好多時間！但現在是磨刀霍霍（也許外加剪刀）的時候了。再讀一次文章，刪除一切無法增添內容價值的字句。而且要大膽。一開始是章節，接下來是段落、句子和字詞。

如何讓人讀得到你的內容

記得，從紋身到會計學，網際網路充斥著各式各樣的利基優勢。資訊圖表、播客、影片、指南、白皮書、部落格貼文、網路爆紅商品服務、電子書、作業指南、地圖、圖表、公告……如果你這樣想：「可以做的都做了，你還想怎樣？」我會原諒你。這就是真正有趣的地方。除了極少數的幾個例外情況之外，太陽底下沒有新鮮事。成功的內容

也許不在於原創性（儘管它絕對有幫助），而是推銷它的技巧。

在電影《夢幻成真》（*Field of Dreams*）裡，凱文・科斯納（Kevin Costner）扮演農夫，某天他聽到玉米田有個聲音告訴他：「把它蓋起來，自然就會有人來。」「它」指的是棒球場，但它可以點出內容行銷的許多事實。

在此先比較品牌使用資訊（以提升他們的形象並最終獲利）的兩種方法。網際網路尚未誕生的年代，品牌會刊登廣告，請大眾蒐集優惠券來交換一本食譜書。消費者拿到了食譜書，公司取得他們的姓名和地址，以便用於直銷郵件。現在，公司也許會把食譜放在他們的網站上。但關鍵差異在於：買報紙或雜誌的廣告，意味著你把食譜推到可能會覺得它有用的人的手上。如果簡單地把它放在網路上，就好像是在無人地帶蓋棒球場，卻希望有人找到它。

凱文・科斯納有一群友善的棒球選手幽魂幫他，但沒人幫你忙。因此，你必須做些老派的事，宣傳你的內容。猜猜要怎麼做？廣告。尼爾・帕特爾（Neil Patel）是權威的線上行銷專家，他的網站裡充滿驚喜內容，學習線上行銷的人肯定會流連忘返。從你到達尼爾網站 neilpatel.com 的一刻起，你就看到廣告。不是內容，是廣告。註冊表、跳出式訊息、各類專門銷售他的內容之裝置。尼爾千方百計要把你捲入他的漩渦。他明白內容行銷裡的「行銷」之道。

建立內容後，不管它是影片、播客、電子書，還是「資訊圖表」，你需要把它公諸於世。需要怎樣的技巧呢？本書接下來的章節將娓娓道來。

還有搜尋引擎機器人的注意力。

要考慮「搜尋引擎最佳化」（SEO）嗎？

我們必須談談 SEO。但簡單說幾句就夠。部分原因是此主題急速演化，因此任何書籍付印出版前可能就已過時。

另一原因是它和文案術的相關性其實不如部分業界人士宣稱的那麼大。

在 2018 年 1 月，Google 搜尋演算法列出約 200 個排名評等的要素。有些是指向文案，但大部分沒有提及。（https:// backlinko.com/google-ranking-factors）

毫無疑問，Google 喜歡清新、相關和寫得好的內容。因此，把這些特質納入網站，你的網站可能會馬上進入排名。但要想想這一點：如果你產業的每個人都像蘇聯拖拉機工廠一樣，不斷吐出內容，當然大家無法全部都上 Google 首頁。

第二部

動機 vs. 理性：
潛入顧客最深層的驅動力

05
情感文案術的力量：進一步說服你的潛在顧客

人類行為源於三大根源：慾望、情感、知識。

——柏拉圖（Plato）

簡介

歡迎光臨這個神奇的世界，當中一切的決策都是透過情感驅動而制訂的。

文案寫手推廣酒精、菸草、高級腕錶、線上撲克牌，還有約會網站，因為已婚人士都太明白做決定時情感所占的分量。為什麼許多正常人會染毒、花上比買車還要多的錢買手錶、去和專業的賭博公司對賭，或者是甘冒失去舒適生活的風險，換來頂多是稍縱即逝的樂趣？

更難接受的是銷售一些看似基於理性的商品，例如業務資訊、訓練課程、供應鏈軟體或管理諮詢服務等等。我認識，也訓練過許多文案寫手和行銷人員，他們堅稱在自己的產業裡，做決策時主要是基於理性。他們都錯了。我為什麼會這樣說呢？

首先，必須問他們一個問題：難道你的顧客腦袋的結構和其他

人都不一樣嗎？不會吧，他們其實和吸菸者、酒鬼、賭徒和花花公子一樣，全都擁有眶額皮質和邊緣系統。換句話說，動機和情感在他們做決定時扮演著關鍵角色。無論他們（或你）喜不喜歡，事實就擺在眼前。

我們會在本章略述電子線路和化學浴的巢穴，並探討它們產生的情感，以及我們如何開始刺激它們。

＊

先來看看情感如何在真實世界裡強化決策制訂的實例。你正在推廣一個會議活動。製作公司提供了一堆資訊，包括講者名單和議程等等。你想到推廣活動的標題，就好像這一行絕大多數的做法，你還想到會議主題、日期和舉辦地點。

現在想想可能會參加會議的人。或許也包括你。你放棄了以下的事：

- 和家人共聚天倫的時光（包括你剛出生的孩子）。
- 和朋友共處的時光（包括新加入網球俱樂部的帥哥教練）。
- 和同事在一起的時間（包括那個你想要用勤快工作來討好的老闆，好讓她升你的職，而不是別人）。
- 舒適的家（包括你的床、身邊的物品、超酷的娛樂、嗜好、車子、放滿華服的衣櫥）。
- 悠閒地走走路或搭車（我猜你討厭坐飛機？）

請注意：我沒有提到錢。因為錢從來都不是我們去參加會議的原因。如果公司付錢，表示總在某個地方還有些預算。如果是我們自己付錢，通常這筆錢比我們一年喝咖啡花的錢還要少。

實務作業：動機可以把潛在顧客推向你，也可能把他們拉住不放。你可以利用它來對付反對聲浪。

所以說，這些都是不參加會議的理由。我們還要把文案的大部分篇幅放在議程上嗎？好吧，那麼祝你好運。現在，我們來看看有什麼因素，可能會把我們拉出可愛、溫暖、可偷懶、難捨難分的家。

看看這些原因：

- 暫時離開家人：所有的鬥嘴、亂七八糟和尿布！
- 暫時離開朋友：總愛抓著人怨東怨西的！
- 暫時離開同事：包括你那個眼珠子轉不停，一直以為睡眠是奢侈品的老闆。
- 自己喘息的時間：豪華飯店，有人滿足你的每個需要。
- 派對：酒精、跳舞、毫不內疚的樂趣。
- 遇到一個更好的僱主：還能比現在多賺一倍的錢。

如何傳達你的情感

我在規劃本書時，傳送了好幾千封電子郵件給一些文案寫手、行銷人員和企業家，請他們提出建議。有一位回信要求協助，表示如果對目標產品無法產生任何情感連結時，她該怎麼做。她把這個現象稱為「情感沙漠」。如果我們總能寫些有趣又引人入勝的東西，該有多好！對我來說，這應該是音樂、汽車、美酒佳餚、心理學和園藝。啊，還有做麵包、潮服和語言、機械、野生生態、郊外。文案寫手的生活應該是很簡樸的。所有情感敲打鍵盤就能浮現眼前。

因此，一開始先推翻這個神話：你必須能傳達自己的情感。不，你不需要這樣做。你需要的是，喚起顧客的情感回應。

壞文案：很高興在此宣布一則好消息，Utopia Inc 和 AnonyCorp 合併了！

好文案：你做到了！做得好。你已取得管理系統認證。誠摯歡迎你成為 BSI 認證客戶。（一封 BSI 文案寫手寫的信）。

　　一直以來我為各類產品和服務撰寫文案，有些我覺得會有情感連結，有些則沒有。但這一點並不重要。告訴你原因。

　　你需要尋找和**顧客**的情感連結，而不是和產品的連結。

　　我認為這是文案寫手會犯的最基本錯誤之一。舉辦訓練課程時我常聽學員提到：「產品那麼無聊，該怎樣讓文案變得有趣呢？」我總是這樣回答：「對顧客不無聊就好。」

如何處理「無聊」的主題

　　我舉個具體的例子。我為某家製造測量裝置的澳洲公司寫文案。他們的裝置是要測量名為「濕井」（wet well）的專業儲存槽內未處理污水之深度。裝置本身很簡單，就是一根塑膠圓筒，內附懸吊在一根繩子上的電導體。（我已經很簡化說明，但簡化的應該不多。）無論當時或現在，我能對這根污水測量探針投入情感嗎？我無法。因此我做了以下的事。

　　我訪問了行銷經理。他說明公司創辦人如何探訪全澳洲的濕井，和當地的縣市工程師爬進井內檢驗它們，然後示範說明裝置的作用。接下來我請他解釋，如果你負責管理州或縣市的污水井，你會碰到什麼問題。我發現以下情況。

　　了解濕井水位真的很重要。如果你不知道水位多高，自動泵會不停地把污水泵進井裡，以致於污水滿溢。然後未處理污水就會湧出街道，然後會流到不知什麼地方，也許是幼兒園的遊樂場。這很糟。如果不知道井什麼時候會清空，然後泵一直在打水（其實是抽

空氣），機器就會空轉燒壞。因此，下次污水滿溢的時候，它又湧出街道，而相同的事又再發生一次。

這裡就出現了一個真正有趣的事實。我把它寫成一行文案：

> 身為地方公用設施的經理，你絕不希望因為污水淹沒了遊樂場而登上報紙頭版。

但即使沒有這樣的世界末日場景，我們還是可以說很多故事。例如：出勤維修率大幅下降，因為裝置特別可靠，幾乎無需修理。維修是讓顧客很頭大的事。

我的銷售文案強調：有了這個裝置，顧客的生活輕鬆多了。我說的故事不見得會得文案獎，也無法讓其他文案寫手感同身受，卻能帶來不少的業績。

個案研究　世界展望會（World Vision）的助養信函

這個例子是利用透露這封信形成的過程，讓溝通更加個人化。

信的內容使用過去式，是希望利用故事的形式來傳達訊息，進一步增強現實感，讓讀者覺得這是個真實故事。

世界展望會是基督教人道主義組織，竭誠幫助全球兒童、家庭和社區全面發揮潛能，面對貧窮和不公義的現象。

本信函的工作簡報說明：要向助養人解釋，儘管他們對某位孩童的助養時間即將到期，世界展望會希望他們能繼續助養另一位孩子。

我訪問了一位助養人，企圖了解她的情感，並希望向讀者傳達我們了解他們對這消息的情感反應。

我喜歡你一開始就能直覺地了解我們要做的事。以及你盡全力了解目標對象的想法，進而完成了這封信，其中包括你抽空訪問了莎曼莎。這是我們多年來寫過最大膽、原創及個人化的信函之一。它確切對準了我們的目標對象，進一步建立前所未見的情感聯繫。此外，A/B測試確認了這個方法的價值。

——馬克·迪丹（Mark Dibden），世界展望會產品體驗部行銷經理

我坐下來寫這封信給您的時候，我希望能從個人的層次上了解您目前的感受。因此我聯絡了另一位助養人，她已經歷過她所謂的「小小悲痛過程」。

　　她名叫莎曼莎·杜維（Sam Turvey）。莎曼莎助養了兩位辛巴威的女孩佩斯拉和佩絲，分別幫助她們從八歲和三歲，長大至十七歲和十二歲。我請莎曼莎說明她們之間的互動。她立即這麼說：

　　　　我真希望你可以見見她們。她們是世界上最美麗的孩子！
　　　　我第一次和佩斯拉碰面的時候，她對我的熱情，讓我喜出望外。她看到我馬上衝過來，然後大叫：「莎曼莎！」並擁抱我。她臉上的笑容讓我融化了。
　　　　她們喜歡粉紅色的女生物品，這真讓我有點意外。其實就跟其他女生沒有差別。

我們談到莎曼莎的助養如何改變了孩子的生活，然後她說，她們的父親也因此改變。（我應該說，我們從不鼓勵助養人提及孩子離開村莊的事。而根據父親的說法，說明很多人對他們的現況潛藏著深厚的感情。）

了解穩定狀態情感和目標情感

　　我從事專業文案寫手期間，曾為許多客戶推銷事業對事業（B2B）產品和服務。他們認為，為維繫市場優勢，他們必須創造和顧客的情感連結，而不是一味把事實丟給他們。每次我或其中一位寫手開始規劃新文案時，我想問的第一個問題往往是：「顧客目前對問題有何感受？」

　　我稱此為穩定狀態情感（steady-state emotion）。

　　第二個問題是：「他們讀完文案後，我們希望他們有何感受？」

　　我稱此為目標情感（target emotion）。

觸動讀者的 19 種情感和字詞 / 短句

　　我希望馬上開始為你準備好用以駕馭這門藝術的工具。因此，我將給你字詞和短句清單，你可馬上把它們剪下和貼上你自己寫的文案裡。即使你覺得它們並非確切正確，你應能看出套用它們的方法，以便產生你想要的效果。其中有些用作開場白，甚至是標題都很不錯。就好像本書裡的所有祕訣，無論是用於線上或離線、大螢幕或小螢幕、行動或網路，效果都很好。再說，清單並非全面的，你可以在網路上找到其他清單。只要搜尋「情感清單」（list of emotions）即可。你可能覺得必須包括愛與恨的情感，儘管它們也許是夾雜著其他情感的複合式情感，比方說生氣或開心之類的較單純情感。

　　我知道你可能會對表格中建議的一部分（或所有）字詞和短句感覺猶豫，不確定是否能用於你需溝通的顧客身上。如果你的目標對象是企業高階主管或大學教授、工程師或超級有錢人，也許他們一天中大部分時間需要用到多音節且更淵博的知識（儘管我對這一點

存疑）。我的重點是，一位執行長用陳腔濫調「I love you」向夥伴表達情感，其實一位建築工也會這樣說。沒有人會說：「我明顯發現，我對你的情感回應已變得更深刻了。」每個人都會使用投入情感的語言，而且他們這樣做的時候，是會起作用的。在此我用了循環論證，可我一點都不覺得需要道歉。而像是「我炒你魷魚」、「我不幹了」、「我很抱歉」之類的話，一經說出就會實現（語言學家稱此為「踐行的敘述」〔performative utterance〕），使用情感語言能使聽眾投入情感，因為它就是具有情感的力量。

這 19 種情感包含了 6 種主要情感、7 種次要情感，以及 6 種第三級（背景）情感。

掌管全局的唯一情感

這份清單遺漏了一種情感，儘管它在許多情感中扮演重要角色。它處於腦內複雜的「位置」，卻看似被位於邊緣系統的杏仁核和海馬迴所引導。我在想你是否已讀過清單，又因為找不到它而感到意外。我不覺得意外，但如果你覺得意外，我會很高興。一部分是因為我狡詐的計畫奏效了，此外也意味著：我懷疑你比一般的文案寫手還要聰明。我說的就是好奇心。

實務作業：好奇心會驅使我們的讀者迫切想知道我們能帶給他們什麼好處。

好奇心是驅使我們探索世界的一種情感。許多動物都有好奇心，任何貓狗主人都能證明這一點。還有什麼可以解釋除人類之外的靈長類動物會開始使用工具呢？這是送給文案寫手的禮物。讀者買了某產品，讓生活過得更好，是一件事。持續維繫他們的興趣閱讀內文，然後再購

表 5.1　主要、次要和第三級（背景）情感清單

主要（普遍）情感	觸發情感的字詞 / 短句 / 想法
快樂（Happiness）	好消息 身為準新娘…… 身為準媽媽 / 準爸爸…… 你就是我們喜歡合作的那類人。 世界上你最愛的是什麼？ 你什麼時候最快樂？ 你好酷 / 聰明 / 長得帥 / 美麗 / 厲害 / 會穿衣服 / 精明 / 野心。 你會喜歡我告訴你的事。 你贏了！ 什麼事會讓你會心微笑？

用這美麗的枕頭，展開一段美好的婚姻！軟綿綿的喇叭形墊子，正面搭配純白亞麻布，如未來人生般夢幻迷人。
Americanbridal.com（美國）
www.americanbridal.com/love-pendant-ring-pillow-18842.html

| 傷心（Sadness） | 當你讀完這個，另一件 [壞事] 已經發生。
是否曾因為某件事而感到沮喪？
是否曾失去親密的人？
恐怕要告訴你一些壞消息。
要開口說不太容易，可是……
很抱歉必須告訴你這件事…… |

搜尋「sadvertising」
www.npr.org/2014/05/31/317686788/sad-men-how-advertisers-are-selling-with-emotion

| 厭惡（Disgust） | 他躺在滿是尿液的床上。
這是 Ahmed 所住的街道，它的開放式下水道散發出糞便的臭味。
這些嬰兒在骯髒、染血的產房中出生。
想像您唯一的水源是一潭蒼蠅飛舞其上的死水。
四處飄散著嘔吐物的味道。 |

廣告內文出現的厭惡感
《今日美國》（USA Today）（美國）
http://usatoday30.usatoday.com/money/advertising/story/2012-02-27/gross-ads-fear-vs-disgust/53275918/1

（接下頁）

表 5.1 （續上頁）

主要（普遍）情感	觸發情感的字詞 / 短句 / 想法
憤怒（Anger）	被人欺騙。 您的價值被人輕視。 我們認為你並不重要。 人們撲殺無辜生靈。 我們剝奪您的權益。 兒童被出賣。 您的品味很差。 某行業骯髒的小祕密。

非法買賣水獺毛皮是印度、尼泊爾、孟加拉和中國常見的交易。水獺因毛皮的價值而被無情獵殺。他們的毛濃密且非常耐寒，以致於皮貨商視其為皮草業的「鑽石」。
世界自然基金會（WWF）（印度）

恐懼（Fear）	死亡。 一定要在這一週內完成這筆交易。 我要告訴你一些會讓你擔心的事。 你知道國稅局會拿走你的房子 / 車子嗎？ 你準備好繳納大筆的關稅和消費稅了嗎？ 去年你有 17 位同業被罰款 50,000 英鎊，就只因為一個小小的錯。 你知道你在社群媒體的一些小過失，可能會讓你被告上法院嗎？
搜尋「FOMO」（害怕被遺忘）	
驚訝（Surprise）	你不必花大筆錢就能這麼好看 / 漂亮。 為什麼好萊塢巨星都不再節食？ 這個老掉牙的故事可能會幫你早 10 年還清房貸。 如果你認為把錢放在建屋互助會就很安全，請繼續閱讀。 如何不必花一毛錢，就能享用你一直渴望的 [健康權益]？

它當然能把手柄牢牢黏在茶壺上。
愛牢達（Araldite）（英國）（譯注：全球最早的環氧樹脂膠粘劑品牌）
www.smartinsights.com/wp-content/uploads/2012/12/araldiateposter1.jpg

（接下頁）

表 5.1 　（續上頁）

次要（社交）情感	觸發情感的字詞 / 短句 / 想法
好色（Prurience）	你不會相信我剛才發現了什麼！ 嘿，想知道一個祕密嗎？ 如果性是人性的一部分，為什麼你要壓抑呢？ [權威人士] 的臥房秘密。 這真的很髒！ 我第一次見到這玩意的時候，我臉紅了。

這部電影大膽說出了大部分家長難以啟齒的……
少女媽媽部落格（美國）

自信（Confidence）	這是你應得的。 你實至名歸。 想想你一生的成就。 你做得到。 如果我不覺得你是對的人，我不會來問你。 我們一致認為你是正確人選。

你可信賴的止汗劑
Sure（英國）
www.suredeodorant.co.uk/

自豪（Pride）	身為……領域的專家 身為傑出的…… 身為睿智的…… 我不會對每個人都這樣說。 [聰明] 如你，一定有很多人曾尋求你的意見。 我敢打賭你一定是專家口中的精明投資人。

談到全副精簡裝備、公路舒適度、現代技術和不羈的態度，這才叫極致藝術。
哈雷機車（Harley Davidson）（美國）

尷尬 / 羞恥（Embarrassment/shame）	我期待你做得更好。 如果你的朋友 / 同事 / 家人發現這件事，他們會以你為榮嗎？ 你有沒有想過你的作為會怎樣影響我們？

口臭破壞你的人緣
李施德霖（Listerine）（美國）
http://mypeanutbutterbacon.blogspot.co.uk/2013/02/20-ads-that-shook-world-james-twitchell.html

（接下頁）

表 5.1 （續上頁）

次要（社交）情感	觸發情感的字詞／短句／想法
忌妒（Jealousy）	有人正在奪走你的權益。 有男人／女人和你的太太／先生打情罵俏，你作何感受？ 如果有人搶了你的鋒頭？

我的另一半偷吃被抓到了
Boothroyd Associates 私家偵探公司（蘇格蘭）
www.boothroydassociates.co.uk/matrimonial-investigation

| 羨慕（Envy） | 怎麼有人總是那麼幸運？
你是否曾覺得有錢人吃香喝辣，而我們其他人總是吃土？
你想要每年換新車嗎？
朋友的穿著比你好嗎？
你知道有些人不勞而獲嗎？
你的朋友都羨慕你（但不必告訴他們你花的錢並不多）。 |

擁有人人稱羨的體態！
Wallers（美國）
http://chawedrosin.files.wordpress.com/2009/05/envy.jpg

| 內疚（Guilt） | 你是否曾忽略醫生的建議？
是否曾撒謊脫罪？
你有沒有什麼難言之隱？
你的私生活真的那麼清白嗎？
我知道一些你希望保守祕密的事。
你可能會嚇一跳，但任何人用價值 10 美元的電子裝置，就能看到你的私人電子郵件。 |

搜尋「Cordaid People in Need campaign」
Cordaid（荷蘭）

（接下頁）

表 5.1　（續上頁）

第三級（背景）情感	觸發情感的字詞／短句／想法
情境設定	你已被選中。 想像一下這樣的情境。 幻想一下。 如果發生……，你會怎麼想？
興奮（Excitement）	擁有最愛樂團演唱會的前排座位。 和 [名人] 共進晚餐。 和夢寐以求的情人共度浪漫之夜。 最狂野的性幻想。 和 [明星球員] 一起受訓。 在 [國外某景點] 的完全免費假期。

你將駕著法拉利馳騁於跑道上、參觀維修通道、認識賽車手和隊員，還有更多更多！
你想要和法拉利車隊 Scuderia 去哪裡呢？
法拉利（Ferrari）（義大利）
http://formula1.ferrari.com/join-the-team

身心健康（Well-being）	你的一生成就，讓你引以為傲。看看你的四周：你的家、你的收藏品、你的家庭。很棒，對吧？

在舒適的床上一夜好眠。臥房家具，還有很多儲藏空間（你可以輕鬆找到它們）。溫暖的光線營造氣氛，還可再度窩在舒適的寢具裡。而且價格讓你很安心，這不就是美夢成真嗎？
IKEA（瑞典）
www.ikea.com/gb/en/catalog/categories/departments/bedroom/

平靜（Calm）	請閉上雙眼、緩緩吸一口氣。 放鬆。 無須事前準備、與世無爭。 壓力消失無蹤。 我們幫你扛起重擔。 你無需負任何責任。 可以隨時取消。

「里程在手，心情輕鬆」
Denizbank（土耳其）

（接下頁）

表 5.1 （續上頁）

第三級（背景）情感	觸發情感的字詞／短句／想法
隱憂（Malaise）	感覺全世界都在跟你作對？ 是否曾在凌晨 3 點驚醒，思考到底哪裡出了錯？ 有沒有懷疑過這到底是怎麼一回事？ 是否曾停下手上的工作，心想，我的人生就這樣了嗎？

原來這樣就可以感到滿足
《今日心理學》（*Psychology Today*）（美國）
www.psychologytoday.com/blog/living-the-questions/201401/surprising-way-cultivate-contentment

| 壓力（Tension） | 帳單。保險。房貸。學費。
時間不多了。
你最怕哪些事？你的工作安穩嗎？
有沒有擔心過孩子的未來？
快！優惠即將到期 |

孩子的教育十分重要，請做好他們的學業投資。投保 Swann Insurance 的 FeeSecure 保障子女教育基金，避免發生人生意外，而無法繳付高昂的學費。
Swann Insurance（澳洲）
https://www.swanninsurance.com.au/products/yourfeesecure

| 愉快（Cheerfulness） | 春天來了。
你最喜歡什麼顏色？
記得媽媽的拿手菜所飄散的香味嗎？
回想你曾度過最棒的假期。 |

回到 1962 年，探索迷幻風格！
樂高玩具（Lego）（丹麥）
http://shop.lego.com/en-GB/Volkswagen-T1-Camper-Van-10220

買產品，又是另一回事。欲言又止是最簡而有力的做法，你將在本書中一再看到這類的例子。「維基百科」是雙刃劍，但是這篇對於好奇心的解釋寫得很好，請參考：http://en.wikipedia.org/wiki/Curiosity.

　　大部分說故事的技巧都仰賴好奇心。以下就是個很好的企業網站例子，我把它歸類為已達到麻醉品等級的文案風格。你只需要知道為什麼，以及怎樣做就好。

好文案：羅瑞‧史密斯（Rory Smith）畢生的作品已拯救了數百萬人，而且他每天都在發揮影響力。（ThyssenKrupp〔德國〕網站 https://www.thyssenkrupp.com/en）

對應到哪個情感？

　　當然，這樣說有點過於簡化：你的顧客只會興起一種情感，所以你寫的文案要做的就是指向這樣的情感，就能成交。但人類是複雜的生物，我們可能會在某一刻百感交集，因此會有「我對這件事的感受很複雜」這樣的說法。

　　之後，我們將探討如何勾勒具體顧客的素描。那時候，一件值得花時間去做的事情是：找出能驅動他們的情感包含哪些。他們也許既憂慮又興奮、快樂又好奇、忌妒又害怕。但只要情感與你的產品，以及產品可解決的問題相關，你通常能找出主導的情感。

　　找到你想要挑起的情感反應後，重要的是把它寫下來，作為文案規劃流程的一部分。為什麼？因為這件事非常困難，人類的天性傾向去逃避它，回到較輕鬆簡單的寫作方式。你可以在文案計畫的最上方列出你希望讀者擔心錯過你的文章的原因，然後看看你的文案初稿，有哪些字詞、句子或段落可以使人產生這種情感。如果你

找不到這些關鍵字眼，就要回頭做些功課，直到找到為止。

如何使用情感語言進行溝通

　　你和讀者建立情感聯繫，同時節省自己時間的其中一種技巧是：堅持使用日常語言。我們最原始的衝動和驅動要素不會被多音節的對話，以及拜占庭式的句子結構所打動，而是有賴帶有淺顯意思的字詞，以及清晰不含糊的句子結構。

　　從焦慮到羨慕的種種情感，簡單如下的短語，就能觸發出來：

- 「我很擔心你。」
- 「我要見你一面。」
- 「你肚子餓了嗎？」
- 「想要早點睡覺嗎？」
- 「我們去跳舞吧！」
- 「我討厭他。」
- 「她很聰明。」

　　這種寫法有一個真正重點：每一個人都會對它們有所反應。這並非企業對消費者（B2C）行銷人員的專屬祕訣。Androids問世之前，我們都在對人類──由情感引導，甚至是驅使的人類作推銷。長久以來，企業對企業（B2B）行銷法都認為軟性的情感訴求能在冰淇淋、化妝品和跑車發揮作用，卻不適用於軟體、會計服務或採礦設備。幸好，這種心態已開始改變。現在全球有許多B2B的公司已經覺醒，明白他們的顧客跟會買冰淇淋、化妝品和跑車的人是同一類人。

　　假如一個B2B文案寫手要為一家科技公司寫關於一場會議活動的文案標題，你應該不會驚訝標題的主旨是這樣：祖兒，想要下禮拜來打一場高爾夫球嗎？

　　這個標題主旨並非介紹此次會議、同意議程或感謝講者。它只是要讀者開啟電子郵件（還可以加註：沒有騙他們）。由於這個會議是在高爾夫球度假村舉行，因此這樣寫很正常。我曾經為在舊金山舉行的財務總監大會寫電子郵件和網站文案，當中主要的誘因是 Arnold Palmer 設計的 18 洞高爾夫球場。參考下列文案：

壞文案：2010 年財務長高峰會議
好文案：超棒的高爾夫球賽（加上還不錯的財務會議論壇）（這是作者為廣邀財務長們參加於美國召開的會議而寫）

　　效果非常好。

從理論到利潤

　　在購買過程的某個階段，基本上是在開始的時候，你的潛在顧客可能就會存在購買衝動。沒錯，他們會尋找能合理化他們的決定的資訊，但是目前我們還沒有要談這個部分。因此，想像一下，我們找不到合邏輯的理由購買你的產品。（如果你從事的是我在本章稍早前提到的產業之一，這就需要你好好思考一下。）你還是要寫些具說服力且正中消費者下懷的銷售文案，讓他們信服且向你買產品。

　　向你買產品會帶來怎樣的情感效益？向你買產品後，你的潛在顧客的生命會感受到怎樣的不同？你的潛在顧客的配偶、子女、朋友、家人和同事如果發現你的購買行為，他們會怎麼想？如果他們向你購物，將發生什麼事？不會發生什麼事？透過顧客行動或不行動將導致的結果之情感地圖，您可開始了解潛在顧客如何看待你為他們提供的選擇。一旦你了解這一點，就可開始設法推動他們作出你已預設好的選擇。

本章的清單中提到的情感，哪些將有助於你行銷你的組織及其產品或服務？回頭再看看這些情感，把相關的情感和觸發短句標示或複製下來。你的產品主要是能趕走壞事，還是帶來好事呢？

這是心理學中最大的分際線，當你的顧客正在考慮你的產品時，它將大大幫助你辨識會起作用的情感的特定組合。請慎重思考，因為答案往往並非顯而易見。最新款的電視也許看似會帶來好事，例如觀賞電影的更佳體驗。但真的是這樣嗎？也許它只是在推開某些沒能擁有這些最新玩意的人，他們覺得跟不上社會腳步，因而產生社交不適應感。

專題討論

1 哪個腦部部位若受損，將阻礙你制訂決策的能力？
   a) 邊緣系統
   b) 前額葉皮質
   c) 眶額皮質
2 以下何者為正確：
   a) 人們僅根據資訊制訂決策
   b) 人們根據情感和資訊制訂決策
   c) 人們僅根據情感制訂決策，再用資訊驗證其決策
3 何謂「軀體標記」（somatic marker）？
4 若要寫訴諸情感的文案，您必須對銷售的產品／服務抱持強烈情感。對或錯？
5 你的潛在顧客現在正感受到的情感，叫做＿＿＿情感。
6 為什麼情感對人類如此重要？

7 人類擁有哪六種主要情感？

H_____　　　S_____

D_____　　　A_____

F_____　　　S_____

8 你能說出一種次要（社交）情感嗎？

9 以下哪一項不是第三級（背景）情感？身心健康、平靜、隱憂、自我主義、壓力。

10 唯有企業對消費者（B2C）的行銷人員需要考慮其顧客的情感。對或錯？

付諸行動

練習 1：辨識顧客的穩定狀態情感和目標情感

在展開你的下一個文案計畫前，回答以下兩個重要問題：

- 顧客目前對問題有何感受？（穩定狀態情感）
- 他們讀完文案後，我們希望他們有何感受？（目標情感）

練習 2：朋友之間的對話

想像你的潛在顧客正在感受其穩定狀態情感。

他們和朋友在咖啡廳裡。

朋友注意到他們的表情，說：「嘿，你怎麼了？」現在寫下你的潛在顧客的反應。

如果你覺得這樣做有幫助，就再多寫幾行兩人之間的對話，看看會帶給你怎樣的靈感。

練習 3：處理反對的情感

寫下為什麼潛在顧客也許不會做你希望他們做的事。接著加上驅動他們改變主意的情感因素，看看如何。如果這樣做有幫助，用此作為範本。

練習 4：撫慰潛在顧客的情感

列出潛在顧客會感到憂慮的事情清單。圈選出購買你的產品後將排除的憂慮。

練習 5：針對人類的基本本能

針對人類的六大主要情感，分別為你的產品（或你喜歡的產品），寫下一兩行文案。

練習 6：開始運用情感

根據練習 1 的答案（當中你已辨識出顧客的穩定狀態情感和目標情感），為你的組織、產品或服務（或任何你正在推廣或銷售的產品／服務）寫一些電子郵件主旨。

使用表 5.1 的觸發短句，幫助你撰寫。

Tweet：How are you doing? Tweet me @Andy_Maslen

06
在強調「效益」前，可使用的三個好點子

如果你是好人、謹守承諾，我們現在就在天堂了。

——卡米耶・克勞代爾（Camille Claudel）

簡介

規劃文案寫作時，你要怎樣策劃內容？有沒有一個每次可以使用的架構？大部分人都知道 AIDA，也就是注意（Attention）、興趣（Interest）、渴望（Desire）、行動（Action），以及它的表兄弟 AIDCA（C 代表信念〔Conviction〕）。這也許是最古老的銷售訊息架構：它源於 1950 年代一位美國業務員，文案寫手們發現它能以正確順序傳達論點，很快就採納它於工作上。但 AIDCA 會不會有點，嗯，匠氣了呢？沒錯，你知道的！爭取他們的注意。哦！讓他們感興趣。啊！讓他們想要得到它。呵！證明它是值得購買的產品。就是這樣！告訴他們要來訂購。我同意，而且我也曾和一輩子使用 AIDCA 的人聊天。

本章將向你介紹三個更強效的文案架構法。這些方法可能會全面革新你的文案的銷售成果。你知道，有些東西比效益更強而有力、

比短句更能引人入勝。比薦言更吸引人。這些方法能妥善應用於任何銷售內容中，若是再加一些創意思考，還能進一步用於企業溝通。它們的力量來自誘導讀者產生情感回應，但卻是以略微不同的方法，並且把世界形容成他們想像中的模樣。就如同本書的許多技巧，它們要求身為寫作者的你多做些功課，但程度上不會比你想出其他方法，以便規劃你的文案還要多。

駕馭好這些工具，你的文案就能繞過潛在顧客的「胡說探測器」（BS detector，譯注：Chrome 瀏覽器的擴充功能，能自動檢測和標記來源有疑慮的新聞），而且能砰的一聲，正中他們的邊緣系統。記得嗎？這是人腦制訂決策的部位。我也認為這樣寫文案更有樂趣，因為文案本身就更有趣，它描述的是與產品共處的人生，而不是產品本身。閱讀這段簡介時，你也許注意到我實際上還沒有告訴你技巧是什麼。

我是故意的。你希望文案帶來更好的成果，因此我不認為你很關心自己要怎樣做，才能得知這些技巧。

提出承諾，吸引讀者投入情感

你知道人們為什麼要向你購買？不是因為你提供的產品 / 服務，而是你的承諾。至目前為止，也許你還沒有發現自己正在對他們作出承諾。再說，如果你的文案只寫得普普通通，那麼很有可能你的潛在顧客必須自行挖掘承諾。但如果你做對了，那麼你確實是對潛在顧客提出了明確的承諾。現在我們要問，這承諾應該像什麼樣子？

> 我答應將你訂的貨送到你家。
> 我答應你打折給你。

不。

你的承諾有點像是：

我答應你，從今天開始的一個月，你不必放棄巧克力，就能減重七磅。

或者是：

我答應你，阻礙你賺錢的唯一路障，是你的動力和決心。

或者是：

我答應你，你的上身將擁有女神般的比例。

因為這是你潛在顧客想要的事物。

胖子不喜歡節食或運動。也不喜歡談節食或運動的書。還是說，在內心深處，他們其實不想減重。他們要什麼呢？繼續閱讀前，不妨想一下。

他們想要窈窕的身材。

壞文案：革命性的肌肉鍛煉法

好文案：你也可以擁有像我這樣的身材（來自查爾斯‧阿特拉斯〔Charles Atlas，譯注：義大利裔美籍健美運動員〕的廣告）。

這就是你，在行銷你革命性的減重或健身計畫時，答應潛在顧客要做到的事。現在你必須證明你會實現承諾。不過，這是稍後在業務推銷時要做的事。

　　鏟子附帶軟把手是個性能。而軟把手不會讓你的手起水泡，是個效益。但這是那些雙手柔嫩的園丁，願意花辛苦錢購買它的真正原因嗎？還是，有別的原因？是否有一些藏在內心深處的槓桿，是我們可以運用的？是的，的確存在這類槓桿。那就是承諾。

　　在此案例中，我們的承諾是：只需花一半的時間，就能擁有您引以為傲的花園。「手不起水泡」是我們需要用理智整理的效益。「您將擁有引以為傲的花園，而且不會手痛」是個承諾，而我們利用情感來進行一切。

承諾的風格和形式

　　可以對潛在顧客作出許多承諾：

- 每天花五分鐘，就能賺到你一年的薪水。
- 無論何時何地，都能毫不費力地吸引到伴侶。
- 在社交活動中展露光芒。
- 無成本開創個人事業。
- 練就 A 咖明星的好身材。
- 捍衛你的事業，避免稅務調查。
- 把你的業務部化為源源不絕的賺錢機器。
- 贏得人才戰爭。
- 讓你的履歷令人無法抗拒。
- 成為所有同事的羨慕對象。
- 克服公開演說的恐懼感。

　　這些陳述有趣的地方是：它們具體、有主導力、能勾起人們的渴望。（向某人下達指令時，你正在運用語言學家所謂的祈使語氣。也就是：你的句子是個命令。）還有和這些承諾有關的事。它們是不完整的。這些承諾與潛在顧客相關，卻沒有說明一個他們想知道

的關鍵要素，也就是：如何做？

　　所以說，就在這個當下，透過這類語言包覆的承諾，你挑起了兩種感情。第一，由承諾的內容觸發的情感。在上述各例子中，包含了以下情感：羨慕、自豪、焦慮、慾望、虛榮、恐懼、不安全感、貪心和自尊。其次，就如同任何寫手的驅動要素，也就是承諾的形式所觸發的情感：好奇心。

實務作業：向潛在顧客提出承諾，他們就會靠到你身邊，傾聽你接下來要說的話。

承諾和好奇心

　　好奇心是人類基本的驅動要素。從進化的角度來看，它激勵我們探索世界、新的美食、技術，以及伴侶。如果你把最尋常不過的好奇心與尋找能直接帶來好處的事物連結，就能調出很濃烈的雞尾酒。

　　我最早成為獨立文案寫手時所寫的第一份文案，是推廣某電腦雜誌的廣告活動。當時人們擔心買錯了個人電腦。那時候電腦在英國還是新玩意兒，而且非常昂貴。這本雜誌的目標對象不是電腦怪傑或專家，而是普遍在街頭看到的中年男子（偶爾是女子）；他們只想上網、玩玩照片效果，以及傳送電子郵件給他們在澳洲的孩子。

　　我們作出非常強效的承諾：

壞文案：您可檢視並評價超過 250 台個人電腦。
好文案：正在尋找全新的個人電腦嗎？帶著我們的腦袋準沒錯（《What PC?》雜誌的廣告活動，寫手為作者本人）

　　我們把雜誌定位為不會給你不良意見的友善專家。它擁有數千億個功能，包括：群組測試、使用者評論，以及許多優惠好處，讓你

既省時又省錢。可是當年的市場競爭非常激烈,同類雜誌就有 20 本,光這樣說無法讓我們的雜誌脫穎而出。

再說,要把產品效益通通列出來的話,那麼幾乎所有雜誌都相差無幾。沒錯,就是會有差不多的功能出現。另一方面,如果推銷的是節食計畫,它提出的效益可能是減重,但這並非其潛藏的承諾。

承諾內含巨大的情感力量。比效益大得多。在成長的過程中,我們常作出承諾,也偶爾違背承諾。我們知道承諾很重要。它們是組成個人、組織和國家之間的社會契約,也就是說,我們可以用承諾來說服潛在顧客相信產品的效益。

試試這樣做:了解產品能如何改善顧客生活後,你就可以向顧客作出承諾了。把承諾寫成命令或預測,會聽起來最棒。保持語句簡短。在承諾的一開頭,試試這麼寫:「您跟我們買了……之後」。完成之後,你也可以刪除引導語,且略作調整。

當承諾無法實現

然而,萬一你的潛在顧客向你買了產品,但你的承諾卻沒有實現呢?情況會怎樣發展下去?就在這一刻,你也許需要拉下窗簾、確定手機已關機,以及珍珍阿姨正在隔壁房間看電視 —— 你需要一條離開條款。

我指的是:你無法掌管宇宙。對不起,你做不到。這表示:即使顧客已做了所有該做的事,比方說:遵循指示說明、用對了墨水匣、小心開車,什麼都好,你的承諾也不一定能成真。大部分人會聳個肩,把這事視為經驗教訓,或這是個人的錯誤(因為承諾要買、承認產品不好就代表承認他們自己做錯了選擇)。

但我覺得這還不夠好。你需要寫些文案,解釋如果產品出錯將發生什麼事。給你幾個想法。

首先是我們老掉牙的退費保證。我經常認為：如果沒事發生，這句話是正面加分，而不是發生事情時的負面態度。就像這樣：

> 您將會因為您的美白牙齒而感到愉快。但如果任何時刻、任何原因你覺得不滿意，寫信給我，我二話不說全額退費。

而不是這樣說：

> 如果您不喜歡您的新美白牙齒，寫信給我，我二話不說全額退費。

不過，以下是整體上表達相同想法的更成熟方法：

> 加入安迪・麥斯蘭貴賓文案俱樂部，會讓您一夜之間成為文案之神嗎？也許不會。畢竟，大部分的人既沒有意願，也沒有衝勁去掌控自己的命運。
>
> 您也許與眾不同。

不論從商業或道德上來說，承認事情也許不會按計畫或承諾而實現，是明智的做法。若你已妥善做好銷售，很多潛在顧客只會抹去負面的部分，而強調正面的部分：承諾。

能釋放讀者情感的「祕密」

告訴你一個祕密，你不能告訴別人。

這 14 個字是如此的誘人。為什麼？

到底祕密有什麼魔力，能讓我們放下手邊的工作，左顧右盼並顫抖著滿心的期待？這裡我們也許拉了兩個心理拉桿。其一是「稀有」的影響力。祕密的定義是：並非廣為人知，甚至是無人知曉。因此，掌握祕密，你就擁有稀有、珍貴的東西。祕密到底是什麼並不重要。光是嗅到祕密的那股味道，就已足夠。

第二，是身為小圈子一份子的參與感。美國心理學家亞伯拉罕·馬斯洛表示，喜歡成群結隊的歸屬感，是人類根深柢固的需求之一。掌握了祕密，就正式加入了這個專屬的小團體。事實上，我們還有第三個拉桿。

知道了某個我們認識的人之勁爆八卦，就好像不抓不痛快的癢。有趣的是英文「Prurient」（勉強翻譯為好色，也就是對他人性事〔這是諸多祕密的主題之一〕的獵奇心態）這個字，它的拉丁字根的意思就是「癢」。

其實你不必是個狂妄的陰謀論者也會相信，總是有一些暗黑祕密，只有那些狡詐、有權力的人知道。或許你就是。然而，祕密本身是個有好有壞的好奇文化的產物。好的是：有些事的確不用廣為人知，比方說，幾年前的辦公室派對一夜情。壞的是：人們普遍相信公開透明才是道德的行為。

我們都希望被他人託付祕密（有些人甚至會保守祕密）。被人交託祕密是史無前例的強大力量，也是許多人渴望的力量，即使他們不會、不想或無法承認這股滿足感。因此，它就成為影響人們行為的極有用工具。

祕密的力量

為什麼祕密對其接收者或持有者帶來如此巨大的力量？首先，你可以決定何時、何處、向何人透露祕密。那就是力量。而且由於

人們喜歡聽祕密（因為他們也將獲得力量，儘管祕密也許被略微扭曲了），他們願意為此付出代價。而擁有祕密也帶來社會地位：你先要是圈內人，才能跟進這些線索。所以，這是一個超級充滿誘惑力的字眼，可以抓住讀者的注意力，驅動他們的情緒。

實務作業：人們喜歡聽祕密。你的說服力詞庫裡就新增了一個強效字詞。

　　你會問：祕密隱含強大的吸引力，到底該如何把它用在文案裡呢？我只能說，用在標題它是贏面很大。

祕密和標題

　　可以用祕密的概念，來為任何產品／服務撰寫標題。例如企管顧問公司：

> 你在商學院沒學到就虧大了的五大領導祕密

　　花棚呢？

> 一流園丁都說這花棚了不起。為什麼？他們不告訴你。

　　排水溝清潔劑？

> Drainex 清潔劑之所以成為專業污水工程師的首選，是因為它添加的祕密成分，能如刀片般刮除油脂。

壞文案：白醋的祕密成分使之成為窗戶清潔劑的專業選擇。
好文案：這本書只有一個頭號祕密。（大衛・奧格威的著作《一個

廣告人的自白》〔*Confessions of an Advertising Man*〕的報紙廣告）

如果你的產品或服務絕對贏得過競爭對手，你就擁有切入角度。它叫做「骯髒小祕密」（dirty little secrets，DLS），就像這樣：

> 辦公室清潔的骯髒小秘密。

總務主管非讀下去不可。

或是這樣寫：

> 下背部疼痛的祕密解藥（還有醫生不告訴你的原因）

或者是，用以下文字提供資訊給讀者，幫他們把工作做得更好、或更能享受生活：

> 只有古希臘人知道的改善記憶力祕訣，在此大公開！

也許你可以寫個小故事，誘惑你的讀者：

> 這份秘密的布朗尼蛋糕食譜，會是英國安全局逮捕《麵包師與烘焙》（*Bakers and Baking*）雜誌編輯的真正原因嗎？

你甚至不需要寫「祕密」一詞，就能寫出隱含祕密的標題：

> 律師討厭他、會計師希望他去死：可是這位來自伯明翰的失業男子毫不在乎。

關鍵心得：無論你選擇在文案中如何從標題開始就使用祕密，它是克服讀者抗拒心理的強效武器。

無論你寫的是信封文案、主旨行、部落格貼文、網頁，甚至是老派的小冊子，事實及測試都證明：「祕密」兩字是讓人們進一步閱讀文案內容的好方法。

祕密和謊言

拐彎抹角看祕密這事，其實就是滿嘴謊言。從某個角度來看，謊言也是一種祕密：撒謊的人知道些你不清楚的事（事實），卻不告訴你。

你永遠都不要對讀者撒謊。除了道德問題外，我敢說遲早有一天有人會拆穿你的謊言，而且也會在社群媒體上公諸於世。可是，謊言這個詞本身蘊含無比的力量。正因為謊言是不被接受的*（這是最溫和的說法），因此它是寫手的有用工具。告訴你為什麼。

沒有人希望被騙。發現被騙會生氣。然而，我們知道憤怒是六種主要情感之一。事實上，如果你在文案計畫中寫下希望讀者生氣，我會說這幾乎就是你最需要達成的情感目標。

假設你研究發現你的讀者被騙了，而撒謊的人是他們的政府、專業顧問、醫生或特定組織，要讓他們知道事實！

為什麼說故事有用？以及如何說

大家都說人類天生喜歡愛情故事，我相信的確如此。這話聽起來好像經理人會說的陳腔濫調。到底真的是這樣嗎？儘管這是老掉牙

---

* 世界上的主要宗教都禁止說謊（包括提供偽證）。這是管轄社交行為的四項基本規則之一。其餘三項是禁止殺戮、偷竊，以及不正常的性關係。

的行話，但答案是：是這樣沒錯。猜猜我們腦袋的哪個部位喜歡它？答對沒有獎品。我聽到你回答邊緣系統了。答對了。這個人類腦部最原始的部位，能在感受情感並作出決策時，向 fMRI 掃描機發出訊號；相同的，我們聽故事時，它就好像煙火般在空中飛舞、燦爛奪目。有趣的是，如果有人問我們某個故事的意義，邊緣系統就會突然安靜下來，改由前額葉皮質上陣。這就是情感和智性投入的基本差異。

所以說，早在發明寫作之前，洞穴男、洞穴女、洞穴孩子、洞穴狗和洞穴倉鼠，都坐在火堆前，如醉如痴地傾聽部落說書人所創造的幻想世界、傳奇、神話，以及偶爾聽聽：怎樣用棍子和一堆石頭做成長矛，再用它來打敗長毛象的最佳個案研討。問題是：為什麼會這樣？

聽了故事後，為什麼我們自然就能產生情感？當代的人類學和心理學都認為，一直以來故事都用來教導重要的道德和現實教訓。這樣做帶來了進化的優勢。

說故事的例子：洞穴爸爸

想像我們的洞穴孩子已準備好要到森林裡玩。洞穴爸爸說：「你們出門之前，我有很重要的話要跟你們說。你若吃了湖邊大樹上的紅莓肚子會很痛，你會死翹翹喔。」孩子聽到的話是：「哇啦哇啦要出去玩啦、哇啦哇啦玩玩玩。」要提供資料給他們已為時已晚，因為他們滿腦子都在想著跟朋友出去玩。

現在我們來重播這個場景，但洞穴爸爸用了一個不同的方法去宣導教訓。他說：「你們出去玩之前，我只想告訴你上個禮拜小烏龜發生的事。」他們停下腳步，呆若木雞。「他出門去玩，然後肚子餓就摘了湖邊大樹上的紅莓吃。你猜他怎麼了？他肚子痛得大吼大叫，然後就跌倒死了。去吧，我不說了，你們玩開心些。」猜猜誰不會

吃莓果？

　　把故事聽進去的人傾向於活得比較久，進而將基因傳給下一代。他們也跟兒女說故事，在故事的力量中添加了行為驅動力。結果呢？文案寫手說故事也能行得通。舉例說明如下。

為企業小冊子說個故事

　　我曾為美國大企業撰寫企業小冊子。他們想要遠離這類文件常見的浮誇風格，並以人文氣息取而代之。因此我向他們的行銷總監提議。

　　我說：「不如我們來說一系列的小故事？你可以透過例子向讀者說明，你怎樣讓他們的日子過得更好，而不是列出所有的效益。」

　　她問我：「這樣做會不會有點，嗯，太瑣碎了？」

　　我回答：「不會，只要我們強調商業問題，還有你的產品怎樣解決這些問題就好了。」

　　我就開始寫了。我寫的故事聚焦於一般工作日發生的事：關於行銷經理、郵件室經理、財務總監和人力資源經理。以下是小冊子內的一段文字。

壞文案：1972 年，我們發表了第一份英國消費者市場報告。
好文案：某行銷經理於上午 8 時 30 分抵達辦公室。上午 10 時她的黑莓手機收到 45 封電子郵件，其中 11 封是直銷郵件、3 份 PDF 檔案、兩份內含廣告活動促銷樣品禮物和背景資料的附件、15 封內部郵件、4 份發票，以及新聘的直效行銷公司的合約草案。（來自作者為 Pitney Bowes 公司撰寫的企業手冊）

　　每個好故事，都有四個要素：
1 主角，也就是英雄人物。這是我們希望讀者認同的人。

2 困境或問題。也就是我的客戶想要排除的問題。

3 故事,簡述發生了什麼事。

4 解決方案。就是故事的大結局。

一定有個角色能及時回到家,陪孩子上床說晚安。

好的故事通常是關於核心人物經歷了某些改變。通常改變就是:成為我客戶的顧客。

個案研究　The Stars Appeal 的募款信

最常用的「How...」標題的說故事方式——讓人無法抗拒的開場白。

這張是真人照片——查理．羅斯(Charlie Ross),他是約爾．凱

Charlie Ross,
cancer survivor, thanks to a CT scan

The Stars Appeal
Salisbury District Hospital
Salisbury
SP2 8BJ

01722 429005
www.starsappeal.org
Registered Charity: 1052284

How a CT scan saved my life

Summer 2013

Dear Foundation Trust Member,

A few years ago, I found a lump on my neck. My daughter insisted I get it checked out. Despite various examinations and tests no-one could tell me what it was, until my doctor referred me to a specialist at Salisbury District Hospital, who sent me for a CT scan.

Within a couple of days of my scan I had my diagnosis. My consultant told me I had Hodgkin's Lymphoma (a type of cancer), which I'd probably had for some time, and that she wanted to start treatment very soon. <u>That scan probably saved my life.</u>

利（Jo Kelly）訪問的對象。標題言簡意賅地說了個故事。

The Stars Appeal 是英國索爾茲伯里區醫院（Salisbury District Hospital）的慈善機構。在英國國民保健署（NHS）的補助之外，它專門募款資助額外的護理和設備。

本信件是醫院通訊的附件，旨在募款購買電腦斷層掃描機（CT scanner）。

它是由 Sunfish 的創意總監約爾‧凱利撰寫，以故事作引子，並取得非常成功的結果：

回應率：5.6%

行銷投資報酬率（ROMI）：4,216.7%

> 我們需要向醫院 10,000 位忠誠會員寫一封信，打動並鼓勵他們支持我們的電腦斷層掃描機活動。它創造絕佳成果，協助我們達成募款目標，讓我們能提前購買該機器。
>
> （大衛‧凱茲〔Dave Cates〕，The Stars Appeal 募款總監）

文案寫手的說故事技巧

以下是把故事說得更好的更多祕訣。

風格精簡

> 大家達成共識應採取行動，確保未來員工更支持我們的品牌價值，且備受激勵。

這樣的寫法並非精簡。技術層面來說，它也是一個故事，但這個非常無聊的故事，說話語氣如同高層主管。

這樣寫好一些：

> 我們採取行動，激勵員工更支持我們的品牌。

這樣寫更好：

> 我們的顧客服務經理茱麗說：「現在我不僅了解我們的品牌，更對它抱持信念。」

　　說故事的時候，請經常記得你的讀者並非付費閱讀，因此，它算是一種商業寫作。也許他們會把這些內容稱為垃圾郵件，或行銷素材。因此，言簡意賅地說故事，還是很重要。把冗長引言、或鋪陳段落拋開，就如同精彩的小說一般，應透過人物的行動來說故事，而不是單純的描述。對話是行動、事件是行動，而形容詞、最高級形容詞（譯注：如最長、最久等）和陳腔濫調並非行動。

關鍵心得：每個故事都要有一個英雄人物。讓你的英雄栩栩如生呈現在讀者眼前，你的故事就有無限能量，吸引讀者投入其中。

對話

　　每個人都知道顧客薦言是推廣銷售的好方法（不過我常常覺得很奇怪，為什麼那麼多組織都不會在網站或行銷素材裡使用顧客薦言）。

　　可是如果一開始標題就寫「顧客薦言」，緊接著是一長串未經修飾的引用文字——這樣也很平淡無奇。

　　不妨把顧客寫成你的故事人物，把薦言寫成對話，再巧妙地把

這些整合至你的文案。我會這樣做：

> 此刻，你也許心存疑慮。畢竟，增加 500% 集客式潛在商機，是個很大的承諾。因此，我請教最新的客戶（也許該稱她為新客戶），與您分享她的經驗。
>
> 她是 The Acme Widget Corporation 的執行董事吉恩·基爾布賴德（Jean Kilbride）。我問她是如何找到我們的服務的，她回答：
>
> > 安迪，去年我們準備今年第一季的銷售報告時，我們簡直是目瞪口呆。
> >
> > 我們知道今年的業績會不錯，但潛在顧客增加 650%，開玩笑吧？我們相信這只是有人不小心多寫了 1 個「0」，65% 已經很不錯了。
> >
> > 可是當我們再核對數字，它就直狠狠的瞪著我們看。我們等不及要跟你升級簽訂白金級服務協議。

驚訝

我們不希望說些大家都能猜到情節或結局的故事，讓讀者邊讀邊打瞌睡。所以說，如果你能嚇他們一跳，或者是當頭棒喝般讓他們大吃一驚，那就更好了。也許類似這樣：

> 我一直跟你說，註冊參加我的事業發展大師班會讓你的事業突飛猛進，成為今年任何高薪雇主的最受歡迎人才。但我要告訴你一些事情。
>
> 也許這事不會發生。
>
> 你會問為什麼，對吧？
>
> 因為大部分人都沒有動力、承諾，或坦白說，缺乏實踐我

> 的信念之精力。但也許你會與眾不同。立即進行這簡短的測驗，
> 了解一下吧。

訴說細節

　　如果你問，行銷文案會像怎樣的小說？答案是短篇故事。你必須包裝大量的細節和情感衝擊，放在一個狹小的空間內。直接趕走長篇大論、曲折離奇的描述。但當我們為潛在顧客勾勒一幅擁有我們產品的生活的樣貌時，我們需要的是：活靈活現。

　　就像這樣：

> 已裝好全新 MazTech 排氣系統。你已準備好把車子飛快開走。車廂內的你，既自豪又喜悅。手指按下啟動開關、腳踩油門。聽到了嗎？排氣系統發出的聲音之外，同時響起一個聲音？
> 　　你啟動了停車場所有的汽車警報器！
> 　　這就是 MazTech 的效果。而且由你掌控。

人物素描

　　你的人物角色要有血有肉。無需平鋪直敘他們的出身、事業或信念，只需要慎選一些字詞，把他們寫得略具人性。他們每天要喝 11 杯咖啡才能清醒嗎？還是說午餐時間通常會去跑步？

　　聚焦於故事的目的。不要求精雕細琢。你的目的還是推銷。你要向讀者展示的是，你推廣的產品能如何解決這位角色人物的問題。

懸疑

　　我指的不是史蒂芬・金（Steven King）式的驚悚故事，嚇到你

的顧客頭皮發麻、雞皮疙瘩掉滿地。我指的是關於他們會不會採取行動、結果是有效還是無效，或她覺得沒用，卻得出意外的結果，之類的。也許最有名的例子是美國傳奇性的廣告文案寫手約翰・卡普斯（John Caples）寫的內容。即使你不知道這支廣告，但你應該看過它的標題。

好文案：我坐到鋼琴前時，他們都笑了。但當我開始按下琴鍵時——

什麼？你按下琴鍵後發生什麼事？

這個標題不斷被複製和改造，包括卡普斯本人。假設你要推銷全新的快乾型工業油漆。試試這樣做：

> 我穿著最體面的西裝靠牆站時，工程師都傻眼了。但當我轉身時——

英文裡的現在式

試試這樣做：如果想營造故事的臨場感，要用現在式寫作。

顧客還沒有買商品，因此我要說什麼，都要用未來式來寫。這是新手常犯的錯，而且也廣為流傳。即使是這樣，它還是錯。試著比較以下兩個句子，並評估兩者的銷售力。

> 你的 PC 安裝了 MyPayRoll 將能省下你每個月數小時不斷按鍵的動作。

> 到了月底，你執行 MyPayRoll 時臉上滿是笑意，因為你知道省下了數小時重複按鍵、更新資料的動作。

版本一的文案只形容了兩種可能未來的其中之一。其一有產品，第二種沒有。它也讓讀者想到安裝新軟體要付出的努力和潛在問題。把重點放在因果關係上，這個切入點很偏向智性。

而版本二，讀者看到了結果。它只說了一個未來，也就是現在。它繞過一切作業程序，而強調產品的生命力，是一種情感訴求。

寫旅遊業文案的寫手，特別是豪華旅遊團，經常用這種方法。就像這樣（譯注：以下文字用現在式撰寫）：

> 第一天傍晚，您坐在瑪莎瑪拉（譯註：Masai Mara，肯亞的國家保護區）唯一的樹頂飯店（Treetops Lodge），於漫天星光映襯下享用晚餐。這裡與眾不同。
>
> 您的桌子穩置於鐵木甲板上，而甲板的地基，則是主人用五根三百年的麵包樹的樹幹建造而成。
>
> 從您安穩的制高點放眼望去，就是自李文斯頓（譯註：David Livingstone，英國知名探險家，非洲探險的最偉大人物之一）以來，讓旅客目眩神迷的平原。

為什麼改變動詞的時態會如此有力量？

因為有幾件事正在發生。

首先是啟動讀者的想像力。這是任何業務員的強力盟友。

讀者正在想像你要說些什麼，就等於他們已買了你的產品一樣。他們還體驗到了什麼呢？

老派寫手（包括我自己）稱此為「假設成交」（assumptive close）。換句話說，我們不是在談他們是否會買，而只談買了之後會發生什麼事。

正在發生的第二件事，是我們正在說故事。說起來很奇怪，要

說一個未來才發生的故事，而且要寫得引人入勝，你必須用現在式來寫，好投入那個情境。這在未來是可信的——我知道如果我做了這事，那麼那件事將發生——但是，這只是可能性，而不是絕對會發生。

　　這個簡單的祕訣其實是在說，要讓你的敘述更具說服力，必須透過讀者自己的想像力，讓他們能投入情感。

個案研究　Aimia 的資料人道主義

> 想像一個住在倫敦窮困地帶的弱勢小孩的生活。你住在狹小的公寓裡，你的父母已分居，你要照顧嗜酒的母親。成長之路十分艱困，但有了慈善機構的支援，你至少能面對每日的生存挑戰。
>
> 　　你每天上學，讀書寫字和算術的進度都不錯。社會工作者正在協助你，但卻是那些協助社會工作者的人，成就了這個獨特的故事。

　　作為企業社會責任計畫的一部分，Aimia（譯注：全球資料驅動行銷和忠誠度分析公司）提供給慈善團體其員工協助、專業知識和技術，以便能更善用資料。

　　這份報告的目標對象很廣泛，包括：Aimia 的員工、媒體人士、以及慈善團體。我決定直接跳過人們天生抗拒閱讀技術性內容的問題，一開始就用情感訴求，請君入甕。頭四個句子裡有七個強烈的情感字眼：「弱勢」、「窮困」、「狹小」、「分居」、「嗜酒的母親」、「艱困」和「成長」。為保持說話的專業語調，以及避免不小心掉

入感傷的深淵，我刻意使用較正式的語言，例如「每日的生存挑戰」
和「社會工作者」。

　　資料人道主義或許是有點枯燥的主題，但在專業術語的背後，卻是
Aimia 如何承擔企業社會責任的美好故事。趁著人們還沒有開始批判
它，並掉頭不看之前，我們希望用清新的手法，驅動他們的情感。我
們認為這樣的開場白跳脫傳統框架，十分有效。

　　　　　　　　　　　—Gabrielle de Wardener，Aimia 文化和企業社會責任總監

如何規劃你的故事

　　就如同任何其他文案寫作風格，說故事需要仔細規劃。

　　我希望你在計畫裡納入以下幾項要素：

1 **英雄人物**。他們是誰？他們是真實的人物嗎？如果是，盡量寫
下越多細節越好。你不會用到所有細節，但能在腦海裡呈現他
們的真實形象會很有幫助。

　　　如果他們是讀者，做法也相同。但你需要運用你的想像力
和研究技能。

　　　如果他們是原型人物，例如：典型的花店老闆、助產士、
首席營運長或人力資源經理，記得為他們添加個人特質，以及
受家庭影響的特質。

2 **他們正在面對的挑戰**。我指的是具體的挑戰。不要只說他們需
要節稅。要說：他們的企業每年要繳 3,200 萬英鎊的營業稅，
他們希望可以省下其中的 15%。

　　　如果你要推銷商務產品，就要揭露要克服的困難，並探索
這個問題對顧客和其組織的影響；如果是消費性產品，則除了
消費者之外，還要探討對其親朋好友的衝擊。

3 解決方案。說明你的產品或服務能如何協助他們解決問題。你的服務的哪些特別層面能創造與眾不同的成果？你的組織有沒有什麼人扮演著關鍵角色？他們是誰？做了些什麼事？

4 效益。他們買了你的產品後，生活如何改變？他們確切會省下多少錢？確切需要多久時間？例如他們會展開多少次網路約會？這些都是讓故事可信的細節。

下載：本下載（story mountain）內含大量故事，也許能幫助你思考你自己的故事。一邊閱讀，一邊寫下心得註記，或擷取裡面的有用資料。

　　用文字推銷不是件容易的事。你的讀者不相信任何人、承受許多現實壓力，也很忙。說故事讓你跨越許多世俗藩籬，把行銷訊息化為對石器時代的嚮往，讓讀者一心只想喘口氣、看看有趣的內容。

　　因此，被好故事迷惑的，不僅是山頂洞人。從比喻到寓言、發想的故事到神話，世界上的主要宗教，總有滿滿的故事要告訴世人。部落民族也用故事來教導和自娛娛人，還有來自世界各地的故事原型，例如非洲民間故事裡的蜘蛛安納西（Anansi，譯注：愛作弄他人、愛出餿主意）、美國南方腹地的布雷爾兔（Brer Rabbit，譯注：以機智取勝的騙子），以及北歐神話裡的洛基（Loki，譯注：個性詭詐的神祇、電影《雷神索爾》的男主角之領養弟弟），都是赫赫有名的騙子。

　　當你撰寫你的故事時，要富創意、做研究，且經常記得：你的目標不是娛樂，而是銷售。因此切記：無論是做得很明顯或很隱晦，故事要與你的行動呼籲連結。

　　故事比企業官方說法更容易吸引人閱讀，因為我們喜歡讀故事。孩子睡覺前，沒有家長會讀企業手冊給他們聽。（你不妨試試看，他們一定會比聽狼來了更快睡著。）記得，人類的腦袋沒有一個部

分是天生樂於回應行銷廢話的。

從理論到利潤

所以，你能夠向你的潛在顧客提出一個產品承諾嗎？試試這個做法：向他們描述生活因為買了你的產品而改善的情境。陳述請盡量鉅細靡遺。他們會賺更多錢嗎？多賺多少錢？他們把錢花在哪裡？他們能把負面情感一掃而空，因此更能享受生命嗎？那是怎樣的狀況？他們現在感覺如何？

你也可以運用祕密。你是否已研究過，你是適合揭露這個祕密的人？你的產品用了每個人都忘記的古老配方嗎？那它就是個祕密配方了。也許你掌握了專屬技術，因此擁有競爭優勢。說到底，你知道而顧客不知道的事，就是個祕密——直到你選擇揭露它。以下是可發揮功效的簡單標題公式：揭密：全球最佳＿＿＿＿＿的祕密。

本書描述的所有想法和技巧中，我認為說故事是大部分人最難接受的做法。並不是因為它很困難，正好相反：它比許多其他文案寫作風格容易得多。但套用於很多行銷和商業情境中，似乎感覺怪怪的。太明顯。太簡化。太……普通了。那我要問你的問題是：你真的連試都不試一下，就要放棄這個人類歷史上最有力量的溝通方式嗎？或者你願意試試看？

以下是你需要做的事：開始寫一個很簡單的故事。你的一位顧客的故事。找一位很棒的顧客，已經和你認識多年，更像是你的超級粉絲。打電話或寫信給他們，問他們是否願意協助你寫一個和你的組織、公司有關的故事。我幾乎肯定他們會答應你，因為這是在恭維（稍後會談到這個技巧）他們。帶著這些成果，你就可以寫電子郵件、信函、冊子、登錄頁等等的完整行銷活動素材。

專題討論

1 當你對顧客做出承諾，應仔細說明如何實現你答應做到的事。對或錯？

2 你不必信守承諾：它只是請君入甕的手法。對或錯？

3 哪種人類情感是由你承諾的方式觸發的？

4 承諾能對人類如此有效，其背後的力量是什麼？

   a) 它們是維繫社會密切結合的要素

   b) 它們聽起來就讓人覺得興奮刺激

   c) 它們為接收者提供購買決策裡「萬無一失」的選項。

5 你向讀者下達命令的撰寫風格稱為：

   a) 權威語氣

   b) 祈使指令

   c) 祈使語氣

   d) 指令語氣

   e) 專橫語氣

6 驅動人們渴望掌握祕密的特質是什麼？

   a) 稀有性

   b) 可能會引起尷尬場面

   c) 猥褻

7 「Prurience」（好色）的字根是什麼？

8 以下是涉及祕密的標題。對或錯？

   她是個收入六位數的文案寫手。但她不告訴你是怎麼做到的。

9 英文縮寫 DLS 是什麼意思？

10 我們得知祕密後，將滿足馬斯洛「需求層級理論」裡的哪些需求？（複選）

150

a) 安全感

b) 自我實現

c) 歸屬感

d) 社會地位

e) 友誼

11 以下哪些不是故事的關鍵元素：

事件　問題　結果　對話　英雄人物

12 聽故事時，腦部哪個部位會作出回應？

13 你要用什麼英文時態，來撰寫假設性的故事（尚未發生的事）？

a) 未來式

b) 過去式

c) 現在式

14 可以舉出一個有用的說故事技巧嗎？

15 是什麼驅動著故事的發展？

a) 行動

b) 情感

c) 張力

d) 情節鋪陳

e) 描述

付諸行動

練習 7：功能、效益、承諾

畫一個三欄表格，或使用下載表格。從左到右寫下欄位標題：功能、效益、承諾。

下載：依以下的順序填寫欄位。先寫下所有功能，接著是其對應的效益，再來是可向潛在顧客提出的單一承諾，也就是所有這些效益的結果。

以祈使語氣寫下你的承諾。如上述例子，你的指令以動詞作為開始。

練習 8：承諾是一流的標題

一旦寫出很棒的承諾，你會發現以此為基礎，能輕鬆寫出許多強而有力的標題。

用你在練習 7 作出的承諾寫成標題。至少寫五個。

可以用我的範例，小小作弊一下。

承諾：
捍衛你的事業，避免稅務調查。

標題：
如何捍衛你的事業，避免稅務調查
捍衛事業免於稅務調查的萬無一失方法
捍衛事業，避免稅務調查的三大祕訣
無需花大錢請會計師，就能捍衛事業，避免稅務調查的方法
你已準備好捍衛事業，避免稅務調查了嗎？
你的公司可以安全通過稅務調查嗎？

練習 9：免責聲明

我們都希望能實現承諾。遺憾的是，我們無法掌控顧客的遭遇，

因此無法保證承諾總是能實現。因此，我們必須找個脫罪的方法。

先寫出你的承諾，接著的幾行是：萬一沒有照計畫走就會退費，或者是暗示夢想不一定能實現，因為顧客可能沒有做好本分，例如沒有努力去做等等。

練習 10：揭露祕密

利用以下的標題公式，撰寫你下一個行銷活動的標題。

你也可以把「最佳」換成其他字眼。

昭告天下：全球最佳＿＿＿＿＿＿＿＿＿＿＿＿＿＿＿＿＿＿＿＿的祕密。

練習 11：誘導他們聆聽

接續上述那個標題，圍繞著祕密，撰寫你的推銷電子郵件或信件的開頭部分。試試這樣的開場白，看看能不能啟發你的創作靈感：

親愛的＜姓名＞，

我不知該不該告訴你，但我老闆說要開始……

練習 12：你被騙了

想像你正在寫信給推動環保活動的支持者，企圖說服他們對潮汐發電改變想法。

你的立場是：潮汐發電實際上會嚴重破壞環境，而不是清潔永續的能源。

你發現某支持潮汐發電的提倡者不斷引述某知名學術機構的研究報告，原來世界上最大型的防潮堤製造商曾支付巨額資金給這家學術機構，而這家防潮堤製造商本身則是大型石油公司的子公司。這可是炸彈！

我先給你看我寫的標題，也希望你寫下開頭的幾句話（如果你

有興趣，可以寫整封電子郵件）。

致所有潮汐發電的活動支持者：你被騙了

練習 13：準備你的故事問題

我希望你草擬一組問題，備妥寫故事所需的原始資料。你要把這些資料傳送給你最好的顧客，所以可以強調一開始他們向你購買產品的理由、繼續購買的理由、他們所看到的你的特點，以及他們為了交易而開始研究調查時，會搜尋哪些資料。

練習 14：挖金礦

找出一位你的最佳顧客。他／她向你買了許多東西、在你的網站留下抱怨訊息，或未經你的邀請，向你的董事會傳送薦言。

與他們聯絡，問他們是否可以協助你寫一個故事（報導）。在你們預定的會面日期之前，傳送電子郵件給他們，內附練習 13 的問題。

打電話給他們，或邀請他們吃午餐，並錄下訪談的內容。完成所有作業後，把訪談記錄下來。

練習 15：恭喜你！你剛寫好一則故事

坐下來看看你的訪談記錄。大聲閱讀內容幾次，把瑣碎的細節剔除。然後加入這樣的開頭：

> 我希望向您說明我們的顧客對我們的真實感受。因此，我沒有聘請所費不貲的廣告公司或專業文案寫手，而是打電話給我們其中一位最佳顧客，尋求他的意見。他是這樣說的：

Tweet：How are you doing? Tweet me @Andy_Maslen

07
透過文案使顧客感同身受的強效流程

洞悉人性，是溝通技巧的關鍵。

——威廉·伯恩巴克（William Bernbach）

很久以前，我的導師告訴我寫給某人的文案（personal copy）和個人化文案（personalized copy）的差異。他說寫個人化文案很簡單：只要把之前收集到的讀者資料插入文案中即可。在那個資料驅動行銷（data-driven marketing）的年代，這意味著「親愛的史密斯先生」，而不是「親愛的客戶」（而我必須說，當年我們認為合併郵件〔mail-merging〕是個很酷的做法）。他解釋說，寫給某人的文案，則難得多了。你必須讓讀者感受到他不單純只是郵件清單上的一個名字，因為你了解他及他的問題，而且對你來說，他是個真實的人。

可惜市場上看到太多未觸及個人情感的個人化文案，這一點的確很諷刺。你應該明白這類事情：

壞文案：親愛的麥斯蘭先生，很高興針對身為專業文案寫手的您，提供 35％ 的印表機耗材系列產品的入門折扣。

　　若這叫做赤裸裸的拍人馬屁，那對馬真是一種侮辱！作者只傳達了這個訊息：「嘿！你猜怎麼了？我知道你做什麼工作養家活口。我很聰明吧！」

　　你無需做更多的研究調查，但必須運用更多想像力，就能寫出一些真正個人化的文案，不用去搞那些資料置換的作業，仍能勾起人們的情感回應。也許是像這樣：

好文案：親愛的文案寫手，你曾遇過這樣的事嗎？你要列印網站文案的初稿，印表機卻嗶嗶的發出聲響，表示墨水匣沒墨水了。天啊！怎麼這樣？我花了好多天寫的！

　　即使我沒碰過這樣的事，但很接近我的日常經驗，因此會繼續讀下去。

　　建立洞察力和感同身受的情感，是每一個自尊自重的文案寫作者至關重要的練習。舉例來說，這比你花時間去研究文法和標點符號重要得多。你很容易請得到校對者，卻真的很難聘請能易地而處的人。因此，本章我要介紹簡單可用的技巧，強化你的感同身受能力。這事最好的地方在哪裡？它跟你是不是行銷人員、文案寫手或企業家無關，而是跟身為人類有關。我會教你如何運用想像力。

　　正當我在寫這段文字時，一件奇怪的事發生了。一通電話打來，對方是需要找人教文案寫作的新客戶。他告訴我儘管他擁有如此豐富的資料，可以做的不僅是市場區隔，更是細微的市場區隔，他的行銷人員卻無法善用此優勢。因此，文案儘管是針對每個人而寫，卻無法打動任何人。

＊

　　至此，我希望你同意我說的：任何文案中最重要的人物，是你的讀者。讀者分為兩種：單一讀者和多位讀者。

　　如果你發電子郵件給一位知名的科學家，請他審查你的軟體，就是第一種。如果你傳送電子郵件給 20,000 位科學家，請他們購買你的軟體，則是第二種。

　　如果你覺得有兩種讀者，就要有兩種不同的寫作風格，我要說一些你必須記錄下來的話……

有效文案術的 5P 風格

　　對於所有讀者，你的寫作手法都是一樣的。我們可以把它歸納為 5P。

圖 7.1　5P 風格

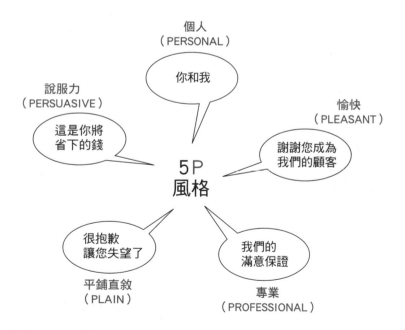

　　在此複述我曾提過的重點。從許多方面來看，*每個人都有其觀*

點角度，因此都是單一讀者。（除非他們患有多重人格分裂症，但即使如此，每次都只有一個人在閱讀文案。）

然而，兩種讀者的差別在於：你對他們了解多少。

面對單一讀者，你幾乎可以挖掘到一切你想知道的事。只需稍微搜尋社群網站、用搜尋工程刺探、向他們身邊的人打聽一下，你從他們讀哪所大學到穿幾號的鞋子，都能一手掌握。

靈活運用你新獲得的洞察力，就能用巧妙的個人語氣和相關內容，撰寫電子郵件或信件。接著再用最有可能打動讀者的文字，引導他們同意你的提議。

至於多位讀者，任務就困難得多。

一切與他們相關的事，都是來自彙整資料，也可能是氣死人的模糊資料。

也許有人會告訴你，或你自行發現，你的讀者年齡介於24-35歲。可能已擁有穩定關係，有一半的機率有小孩、或者要背房貸。

或者70%是男性。這個數字倒是可以讓我確定，有30%是女性。因此可以很粗略地推銷他們：刮鬍刀、足球和工具組。（但真的是這樣嗎？）如果他們從商，則超過50%大概已經是總監或是董事層級，其餘50%則還沒有主管級洗手間的鑰匙。

試試這樣做：試想你的理想顧客是個小說中的人物。賦予他們內在生命——這是認識他們的絕佳方法。

所以該做些什麼呢？如何潛入他們的靈魂，打動他們？該是時候我們開始像小說家或劇作家那樣思考。我們必須發想人物，卻不是隨便什麼人物：是有血有肉、可信，以及活生生的人物。

建立顧客角色

一個簡單的方法是：列出潛在顧客（prospect）可能有的特質清單，創造出一個角色（persona）。特質可能是從外在、實際、心理、情感、抽象、社交或環境層面來看。假設我們選擇了一個財星 500 大（Fortune 500）企業的執行長。

他們可能擁有以下特質：

- 男性；
- 40 歲以上；
- 富有；
- 野心勃勃；
- 有自信；
- 有衝勁；
- 長時間工作；
- 已婚，有小孩；
- 駕駛名車；
- 住在都會外圍或郊外的大房子；
- 喜歡聽到自己的聲音；
- 有自信；
- 積極進取；
- 政治立場偏向自由市場；
- 穿著得體；
- 奮鬥；
- 會焦慮；
- 相識滿天下，知己並不多。

這是個刻板印象。還有些執行長並不符合這樣的背景資料，但

已經所剩不多了。

　　即使只是粗略描述，也能讓你認識目標對象的特質和個性。如果你認為有幫助，試著用此範本為你的目標對象建立角色。

　　還可採取另一個步驟，讓你的人物特質更精確。在你的特質清單上，用勾號或破折號來標示每個特質。勾號表示「每個目標對象都有的特質」；破折號表示「也許目標對象會有的特質，但不確定」。勾號清單代表你人物的內心世界，也就是無論你寫什麼，他們都能產生共鳴。我曾和某大型雜誌社合作，他們花了許多時間精力，為其每個品牌建立目標讀者。針對某本雜誌，他們的人物叫做「巴布羅」（Pablo），並指派設計師製作巴布羅的人型立牌，放在開放規劃辦公室的中央。好棒的做法。

　　如果你需要一些創造角色的協助，可下載「認識你的顧客」工作表來使用。

下載：認識你的顧客（Know your customer）。

複製一對一對話的感受

　　也許不必我說，你早已知道英文裡，「你」(You) 是一個非常特別的字眼。不管是哪一種文章，是列印、螢幕顯示或大聲說出，「你」經常指的是同一個人：讀者／聆聽者。

試試這樣做：文案中使用「我」和「你」兩字，創造出對話的感覺。不要太擔心每個字出現的確切次數。只要達到自然流暢即可。

　　由於大多數人都樂於成為主體，因此文章內寫很多「你」字，一定跟他們十分相關。但如果是經驗不足或笨拙的寫作者，「你」

可能會喪失許多動力。告訴你是怎麼一回事。

　　當寫作者弄錯了閱讀和撰寫的人數。怎麼說呢？沒錯，我們有單一讀者，卻看似有很多位作者。

　　具體來說，就是寫出如下語句：

壞文案：你是熱愛高品質傢飾的人。因此我們在 barginacious.com 準備了本季高級且價格相宜的新品，溫暖你的夜晚。

　　「我們在 barginacious.com」把訊息的個人化感覺去除了。它變成另一篇企業垃圾文章，把它丟掉也許會比較安全。現在將它來跟略作調整的版本比較看看：

好文案：我相信你是熱愛高品質傢飾的人。因此我昨天整晚拼命工作，希望為你帶來本季高級且價格相宜的新品，溫暖你的夜晚。

　　這樣就如同兩人對話了。

　　再提出我為非常高階的投資公司所寫的文案範例，這是與他們的客戶討論公司的價值觀：

可是我們知道生意之外，生命中還有許多美好事物。因此，我們偶爾都要放鬆一下身心。無論是員工滑雪之旅，或單純和客戶吃個飯，我們都喜歡社交，還有彼此照顧。

　　這裡沒有寫「你」字，但寫作的基礎在於：從投資顧問的立場看公司客戶想要什麼，以及他們喜歡如何被對待。

個案研究　《經濟學人》的訂閱推廣活動

We'll help you form your
own view, whatever the topic

How knowing more about the world helps you
in these seven situations

Mr A Sample
123 Any Street
Anytown
Anyshire
AB1 2CD
England

Dear Mr Sample

Is it possible that over the next few months you could find yourself in one or more of the following seven situations:

You might be having lunch with a new client, or dinner with friends. You may be in a meeting with potential investors, or your senior colleagues. Travelling to an unfamiliar city, or country. Or chatting to a complete stranger at a party.

For someone like you these situations are the stuff of everyday working and social life.

You have your own areas of interest and your professional specialisation. And when those subjects are being discussed I am sure you will feel more than able to contribute.

But what about when the conversation turns to a topic that lies outside your own interests? Is your knowledge of the world broad enough to be able to offer an informed opinion?

Does this sound like you?

At *The Economist*, we believe in the value of acquiring a broader knowledge of the world. As I am sure you do. Just to confirm my thinking (we prefer not to make assumptions at *The Economist*) perhaps you could think about your answers to the following three questions:

Do you read widely and have a fairly strong grasp of world affairs?

Are you thirsty for knowledge that goes beyond a shallow need to "impress the boss"?

Is knowing more about our world a worthwhile goal in itself?

For you, <u>knowing about the world informs the way you move through it</u>. But perhaps

Over, please...

Economist for **Students** - Want to know more about the world?
[Ad] www.**economist**.com/12issues12pounds ▾
£12 for 12 issues - Subscribe now!
The Economist has 6,860,781 followers on Google+

Print Subscription　　　　　　　　　Digital Subscription
3 months for £12　　　　　　　　　　 Print + Digital

　　《經濟學人》雜誌希望推出整合平面和數位行銷的活動，以取得利潤較高的新訂閱戶。他們把焦點放在銷售《經濟學人》的價值，而不是提供優惠。

　　目標訂戶是這樣的人：把全面掌握全球時事，視為根深柢固的個人價值，而不是用閱讀此雜誌，作為事業擢升或增進個人素養的手段。

　　他們的行銷團隊特別注重分析作業，因此本活動是希望用控制組（特別是刊登在 AdWords 上的廣告以及直銷套件）進行科學測試。

方法

　　當我讀過詳盡的工作簡報，包括顧客調查之後，我斷定文案的目標讀者把知識這件事和他們的自我連結得很深。儘管他們不一定會自吹自擂，卻對於充分掌握全球時事的價值深具自信。一開始我先強調社會現況，鼓勵他們想像自己的知識依然匱乏。我種了一顆懷疑的種籽在他們心中，接下來的文案就說明訂閱《經濟學人》意味著再也不必說：「對不起，我不知道。」

　　從 AdWords 到四頁的銷售信函，儘管我寫了大量文案，文案的基本主題維持相同，也就是業界所謂的「偉大理念」（Big Idea）。更棒的是，《經濟學人》執行的 A/B 測試再次顯示，長文案（四頁測試信）比篇幅較短的控制組（兩頁）更具吸引力。

「我就是想寫電子郵件給你，跟你說你的點擊付費文案比控制組來得吸引人。現在每個註冊帳戶都用這則文案了！」

——馬特・科可克蘭（Matt Cocquelin），

《經濟學人》歐洲、中東、非洲地區資深行銷專員

忘記文案術，嘗試療癒

想像一下深受關節炎之苦。你的雙手疼痛。打字又變得更痛。以下哪個電子郵件主旨會讓你想繼續讀下去？

> 患有關節炎嗎？

> 為您介紹革命性的全新免持鍵盤

我就在辦公室裡問同事，幸好對我和其他人來說，大家都選擇第一個。「患有關節炎嗎？」自動與讀者相關，對每一位深受關節炎所苦者，都能置身其中。「為您介紹革命性的全新免持鍵盤」只和想要新型鍵盤的人相關。

我要說的是：改變觀點與角度，從敘述你感興趣的事，改為潛在顧客感興趣的事。如果兩者不謀而合，那麼你就是唯一的幸運文案寫手。假設你是為一家人氣很高的網路小工具製造商工作。儘管競爭對手提供的型號，其運作、功能都更好，而且價格和故障率都更低，但談到受歡迎程度，人們還是甘心排隊買你的東西，因為他們是你的粉絲。在此情況下，你身為文案寫手的工作就很簡單。只要宣布產品上市，在白色背景上展示美麗的產品圖就可以大功告成。

但假設你的工作……比較不同。也許你有個產品是：消費者一

且知道了它，他們會覺得沒有它不行。但他們還沒有發現它。它不是潮牌，卻是難以置信的好。我們常被誘惑要自吹自擂說產品有多好，深信（或誤會）一旦被顧客發現這些特質，自然就會上門找你。這是古老的「更好捕鼠器」（better mousetrap）謬論。問題是：人們不想要更好的捕鼠器。他們要死老鼠。就是那些本來住在他們家，現在已死的老鼠。就這樣說吧，他們要他們的家裡沒有老鼠。

你需要做的是：把更好的捕鼠器放一邊，也許是靠在踢腳板上，相反地，你要把顧客放在第一位。記得他們嗎？本章的前段你已為他們塑造了好些美麗且情感豐富的角色人物。現在，問問自己：他們最大的問題是什麼？答案是……老鼠。

體會顧客的情感

了解顧客的感受是彼此建立友好關係、信任的關鍵要素，最終還能為你帶來業績。一般來說，這也許是人類現況的悲慘的一面——也或許只是一種行銷手法——我們無法賣給一個知足的人。不，這樣還不夠。

一個知足的人買東西時，他／她要買的並非知足的部分。人們買東西，是為了要解決問題。

這些可能是基本問題：「我肚子餓。」還有更多問題，該怎麼說呢，例如中產階級：「我要在我海灘小屋走路可以到的地方，找一位皮拉提斯老師。」

寫文案的第一個目標，是點出他們的痛點。尋找引起他們不滿的原因，就可以開始建立銷售個案。

關鍵心得：尋找讀者的痛點，就能找到潛入他們情感的方法。

（順帶一提，我假設我們正在找的痛點，是你的產品恰好可以

緩解的問題。如果你賣的是兔籠，而你的顧客患有生存憂慮症，那麼你可就要傷腦筋了。）

找出他們的痛點了，接下來呢？可以用幾個方法進一步挖掘你剛建立的見解。

你可以用這個作為標題。假設你行銷的是可舒緩關節疼痛的銅手鐲。

壞文案： 準備好體驗銅的神奇治療特質了嗎？

好文案： 關節炎（來自作者曾收到的一封電子郵件）

因關節炎而深受雙手疼痛之苦的人，正在尋找止痛之道。他們不介意是銅、鋁、大象鼻毛還是繩子。

美國文案寫手約翰・卡普斯（John Caples）銷售疝氣療程時，他用了一個兩個字的標題，猜是哪兩個字……疝氣。

這個方法能如同磁鐵般吸引每個飽受疝氣之苦的人。這就足以引導他們閱讀接下來的句子。另一位美國桂冠文案寫手約瑟夫・休格曼（Joseph Sugarman）也表示，標題的唯一目的是引導讀者繼續讀下去。我擁護他的看法。你的標題要推銷文案，你的文案要推銷產品。但你無需停在標題上，它也可以是挺好的開場。

我們可以用以下幾種不同方式，繼續寫「關節炎」的文案：

三個問題

您手痛的時候，會不會無法集中精神？是否曾因為疼痛而必須停止做些事，例如某個嗜好呢？已經受夠了吃藥、塗藥和打針了嗎？帶給你一個好消息。

震撼消息

明尼蘇達州一位 86 歲的女士說，由於關節炎而造成的手部疼痛，竟然不藥而癒，一流科學家全都百思不解。

震驚

「我真想把手剁下來！」關節炎患者艾蓮・李契（Elaine Rich）就是如此痛苦不堪。可是她說了這句話的兩週之後，竟然能夠開始彈鋼琴了。

　　我猜你在文案中會想開始談論效益。與其單純地列出所有好處，不如把它編織成未來的故事：

想像一下，戴上手鐲幾天後，你就能開始做些簡單的工作，也許是打開玻璃瓶，或者是找零錢付停車費，而絲毫不感覺疼痛或不適。

打盹時不怕在半睡半醒之際被疼痛驚醒。

還可以重拾嗜好，不論是更新部落格、寫個簡訊給孫子，還是和朋友打撲克牌。

　　這個方法的價值在於它可以到處適用。

你賣的是銅手鐲或銅期貨、口紅或車床，無論什麼產品、服務或構想，都用得上。

實務作業：想像你的讀者凌晨三時突然在床上驚醒。驚醒的原因，比你要賣他們的產品還來得重要。

要向你買東西的人有個問題未解決。這個問題在他們的世界裡擴大，比你要賣他們的任何產品更重要得多。他們有一雙會疼痛的手、資產表現不佳、信心低落、顧客投訴、心生抱怨的工人、嚴格的政府機關人員……一切煩惱都可能因為你而隨風消逝。

下次要寫新文案時，試著一開始就揭露顧客的痛點，接著再轉回你的產品。你的世界與你顧客的世界有著天壤之別。你的世界繞著產品打轉，他們卻對這產品毫無所悉。因此要潛入他們的大腦，爭取他們的注意力，說一些他們感興趣的事。大部分人喜歡談論他們的問題。你也應該關注他們的問題。

不用鍵盤就能寫出一流文案

不少文案寫手語帶驕傲地跟我說，他們打字的速度很快。我聽了之後有點傻眼。這行業不講究速度，也不介意語法的正確度，因為那是校對的工作。打字的能力完全不是重點。寫作從來都不談打字能力。記得當年還有很多人用名為鉛筆的手持裝置謀生。直到今天，有些人還是這麼做。你可以選擇掃描你的手寫文案、上傳到網站，請住在地球另一邊的人幫你打字。

或者是對著 app 或數位錄音機說話、上傳音訊檔到網站，請人……啊，你知道怎麼做。（我很喜歡的一個詞是「抄寫」〔amanuensis〕，指的是請人把說過的話記錄下來。英國作曲家戴流

士〔Frederick Delius〕因梅毒引發失明和癱瘓而喪失書寫能力後，請年輕的作曲家艾立克‧芬比〔Eric Fenby〕幫他抄寫。）

　　重要的不是打字速度，而是你和顧客連結的能力。所以現在先把鍵盤的事放一邊，專心了解顧客的心態。以下我準備了兩份詳盡的訪談範本，讓你直搗他們的內心世界。第一份最適用於真實的顧客，但如果你只在心裡和顧客對談，那就會失敗。或許你可以請一家市場研究公司幫你進行訪談（但他們必須是業界一流的公司）。第二組問題是顧客問你的問題。對此你無需真實的顧客，只需要你自己，還有一顆坦誠的心。

　　流程有點像這樣：

1　找到勾起顧客情感的事。

2　找出他們的痛點（必須和我們要賣的產品相關）。

3　向他們展示產品如何讓痛點消失。

這些流程全部和打字無關。

　　而且事實上，即使你不會打字，你也可以成為一流的文案寫手。即使你的雙手因一場無稽的鍵盤意外而必須截肢，你還是可以成為一流的文案寫手。以上就是方法。

關鍵心得：身為一個好的說服者，你要擁有感同身受的能力，而不是觸控打字能力。花時間思考潛入顧客世界的方法。

12 個和你顧客相關的問題

1　他們是怎樣的人？

2　什麼事情驅動他們的生活？

3　他們喜歡什麼？

4　他們討厭什麼？

5 他們抱持哪些價值？

6 他們如何看自己？

7 其他人怎樣看他們？

8 他們希望其他人如何看他們？

9 如果他們可以作出一個改變，會是哪一點呢？

10 為什麼他們要作此改變？

11 他們會如何改變？

12 你的顧客想要知道什麼？

他們會問你的 8 個問題

接著你想像自己和他們獨處於一個安靜的地方。他們會問你這些問題：

1 你為什麼要見我？

2 你想要談些什麼？

3 我怎麼知道能不能信任你？

4 你要怎樣讓我的日子過得更好？

5 你能證明它做得到嗎？

6 它曾經幫助過誰？

7 我要怎樣取得它？

8 萬一我不喜歡它呢？

我複製了本訪談指南的這兩組問題，供你下載。

下載：接著做件簡單的工作……用錄音機錄下你的答案。

要鉅細靡遺地回答，不要有任何未回答的問題，或未說出的重點。

完成後，上傳檔案到網路上的抄寫公司，請他們打字。

這是你的初稿。它將以自然、對話方式且具說服力的語氣，滿載無比強力的語言。接著你再編輯它。（這裡就會用到你的手指了。）

我有次在路上聽到一位婦人和朋友說話，逐字看幾乎都可以當作標題了。她這樣說：

重要的是你的內心世界。

這個方法有三個好處。

首先，拋開電腦螢幕上的閃爍游標後，你的注意力將傾注於想說什麼，不是怎樣把話說出來。

大衛・奧格威和約翰・卡普斯是這個方法的信徒，他們都曾表示文案的內容比形式更重要。

其次，這樣做快很多，因此你省下很多時間。

第三，寫出來的文案看起來就像是個真人在說話，而不是某人一邊參考字典和企業形象指南，一邊寫作。

這三件事合起來，最後能讓你的文案更有可能達成目標。

我指導的課程裡，有位學員在休息時間帶著羞澀的表情走到我面前，告訴我她想要在閒暇時間寫一本食譜書，卻不知道要說些什麼，也沒有自信能成為一個作家。我問她：「妳用的是怎樣的切入角度？」接下來的 10 分鐘，她表情生動、面帶微笑地告訴我她想怎麼寫這本書，重點會放在她來自牙買加的媽媽的家鄉菜。她說完之後，我只簡單回答：「不要寫書，把它說出來。然後請人幫妳打字。」妳知道她怎麼說嗎？「啊？我可以這樣做嗎？」

說到底，文案談的是行為修正。你的顧客清晨起床時未曾想過要做 X 這件事。讀了你的文案之後，他們做了 X 這件事。

修正人類行為不容易，但絕非不可能的任務。打字與此事無關。

感同身受、見解和理解才至關重要。

從理論到利潤

　　暫時忘記你的產品。當你回來時它還會在的。先說說你的顧客。他們對你和你的產品認識有多深？每件事嗎？還是說，他們的問題只不過是還沒有擁有它？太好了！你只需要告訴他們，已經可以開始訂購（否則它馬上就會缺貨……營造預期氣氛，引起他們的購買慾）。可是，他們也許對你的產品完全一無所知，這樣也很好！因為你不會去寫到那些。你的產品能解決什麼問題？這才是你要寫的內容。

　　當我還是個初出茅廬的行銷助理時，我天真地假設：如果我在文案裡大膽宣稱，我銷售的新報告將告訴他們一切必須知道的產業資訊時，那些跨國企業的行銷總監都會覺得：a) 很興奮；以及 b) 馬上信服。結果當然不是如此。可是有一天我在展覽會遇到我的其中一位顧客，她說：「啊，不，我們的計畫沒有用你報告裡的資料，只是在向董事會簡報時提到，說明我們有做功課。」你的產品有什麼實質的東西？它真正能解決哪些問題？如果你不把文案焦點放在這裡，你的文案表現會更糟。

　　此外，我不知道，也不在乎你打字技巧有多好。寫這本書的時候，我已經當了 30 年的專業文案寫手，老實說，我的打字技巧糟透了。我在乎的是你能不能了解什麼事情能勾起人們的情感？什麼事能勾起顧客的情感？這樣說吧，如果有免費的 app 教你觸控打字，這技巧的價值不高。所以說，從今天開始，我希望你把焦點放在身為文案寫手上，遠離鍵盤、朝向人們。

　　想成為讀懂人性的專家，不會有免費的 app 能教你這項技巧。啊，其實有這種 app？那就用啊。給你幾個想法：訓練自己觀察身邊

的人，在工作上、在家、在路上、運動中心、商店和露天市場，隨時隨地。刻意（且謹慎地）聆聽他們的對話。如有必要，寫下字詞和語句，但聚焦於他們說什麼，而不是怎麼說。

專題討論

1 什麼是 5P ？

a) 個人（Personal）、愉快（Pleasant）、專業（Professional）、平鋪直敘（Plain）、說服力（Persuasive）

b) 個人（Personal）、愉快（Pleasant）、急迫催促（Pushy）、平鋪直敘（Plain）、說服力（Persuasive）

c) 承諾（Promise）、動力（Power）、產品（Product）、推銷（Pitch）、PS

2 你所創造的人物是？

a) 背景資料（Profile）

b) 角色（Persona）

c) 潛在顧客（Prospect）

3 你可以寫個人化文案卻無需針對個人。對或錯？

4 什麼時候可以向讀者展示，你正在為不只一個人寫作？

a) 隨時

b) 絕不

c) 僅為超過 50,000 人的名單

5 單一句子最多只能用多少個「你」字？

6 約翰·卡普斯用來推廣緩解疝氣的廣告標題是？

7 尋找更好捕鼠器的人真正需要的是什麼？

8 約瑟夫·休格曼說標題的唯一目的是？

9 以下哪一項不是你可以用於這種（使顧客感同身受）文案風格的方法？

a) 震撼消息

b) 功能清單

c) 震驚

d) 三個問題

10 每天什麼時候，潛在顧客最有可能擔心自己的問題？

11 你的讀者會問你哪些問題？

12 抄寫 (amanuensis) 一詞是什麼意思？

13 指出有誰擁護「說什麼比怎麼說還重要」的文案風格？

14 你必須尋找顧客的什麼？

a) 他們討厭的事物

b) 他們情投意合的事物

c) 他們感興趣的事物

15 哪個地方最能深入探索熱中於賽馬的人？

付諸行動

練習 16：創造角色

就如同本章較早前的首席執行長，創造以下三種「人物」的角色。不必多作研究，只需發揮你的想像力、感同身受的能力和對世界的認知。

- 老師
- 心臟外科醫生
- 電腦遊戲設計師

練習 17：開始建立角色

用相同的手法，為你的一般顧客、最糟糕顧客和最棒的顧客創造角色。

練習 18：要針對個人，卻無需個人化

用你在練習 17 所創造的角色，寫封電子郵件給他們，發布你公司的新產品、優惠、活動或促銷。完全不要使用個人資料，但說話的語氣要讓每個人都覺得你的郵件是專為他們而寫。

練習 19：遺失車鑰匙的故事

你正在寫一則新文案，是關於一種新裝置，能追蹤人們遺失的車鑰匙。

試著把你文案的重點放在人們的痛點，而不是產品上。不要提到產品，直到文案的最後一行。

練習 20：尋找他們的痛點

和你的潛在顧客進行假想的訪談。你是心理醫生，他們是你的患者。不斷對談，直到你確定已徹底了解他們的問題。以下是訪談的開頭兩句話：

你：所以說，您的問題是？

他們：醫生，我每天凌晨 3 點整都會醒過來，心跳得厲害、肚子脹氣翻騰。

練習 21：「我可醫治你的痛」

運用你對潛在顧客疼痛的最新理解，採用 Google 的 AdWords 字元限制（標題 25 個字元、接下來兩行每行 35 個字元的內容，再加

目的地 URL)，撰寫三則點擊付費（PPC）廣告。記得：用疼痛作為主導，而不是處方。

練習 22：與顧客面談

使用顧客的 12 個問題的清單，打造他們的世界。如果可以，用問題作為訪談的大綱。

練習 23：讓你的顧客訪問你

現在用 8 個問題的清單，誠實回答顧客的問題，並把這個當作對話的一部分。

練習 24：爸你看！不要用手！

啟動一個語音錄製 app，或打開數位錄音機，開始對你的顧客說話。

解釋你明白他們的問題，以及產品如何解決問題。

接著把錄音內容打出來。可用收費低廉的線上服務幫你打字。

最後編輯文字，直到你寫出自然流暢且具說服力的文案。

Tweet：How are you doing? Tweet me @Andy_Maslen

08
文案駭客：阿諛奉承，通行無阻

每個人都喜歡被人奉承，如果談的是皇室家族，更要用抹刀，使勁兒厚厚地抹上去。

——班傑明‧迪斯雷利（Benjamin Disraeli）

簡介

被人稱讚你會作何感想？被冒犯？欣慰？開心？懷疑？大部分人會選擇第二和第三種感受。這真的沒什麼好奇怪，對吧？其實，人們喜歡被稱讚的原因也不難理解。這些美言肯定了我們剪頭髮、選外套的決定、說話的深度、或教養孩子的方法很好；也讓我們對自己感覺良好，甚至更好。此外，話語把我們放在鎂光燈下，讓我們更堅信我們所重視的一切想法。不過這一切有個附帶條件。

必須誠摯地稱讚他們，或是更老實點說：必須全心全意、誠懇地稱讚。如果我們內心深處都已懷疑，這新髮型讓我看起來像濕答答的獵犬，被說好看也只是空談而已。但如果他們說，的確沒有以前那麼可愛，但至少顏色很亮麗且與眾不同，那我們可能會信以為真。

稱讚如何化身為奉承，以及這會是個問題嗎？「奉承」（flattery）

177

的意思是過當或誇張的讚美。我們必須好好思考和把玩「過當」和「誇張」兩個詞：如果是「過當」，代表這份讚美言過其實，或不值得被這樣說（儘管不見得他們就不想被這樣說）。如果讚美被「誇大」，就表示接受者實至名歸且的確值得被稱讚，只是讚美的程度或方式應再斟酌。當然，他們是否介意被稱讚，又另當別論。莎士比亞（William Shakespeare）的劇作《雅典的泰門》（*Timon of Athens*）說：「那男人的耳朵聽不進任何規勸，唯有阿諛奉承。」

我覺得，基於距離必須給予適度的讚美，但讀者已很清楚自己是銷售對象，因此，略微誇張的稱讚不是件壞事，只要基本上是對的就行。此技巧絕對夠資格放在「限有權人士存取」的箱子裡，即使它不是什麼「暗黑藝術」。它是一項精準的心理工具，且曾經過適度運用，取得不錯的成果。因此就放膽用它吧，我確定你也擁有「收回成命」的技巧。

＊

有時，我主持文案研討會時會建議學員應該在電子郵件或銷售信函裡試著奉承目標對象時，總能聽到台下喃喃的反對聲。反對的聲浪分成兩派。

第一，不誠懇。好的，如果你跟一個矮冬瓜說他高得像棵紅杉，或是讚美文法菜鳥擁有解放語言學的靈魂，我猜你反而抓到人的痛點。但這種拙劣做法對任何銷售或行銷文案全無好處。

如果說，用「稱讚」取代「阿諛奉承」呢？這樣好嗎？

羅伯‧席爾迪尼（Robert Cialdini）在其著作《影響力》（*Influence*）中表示，人們擁有一股動力，會聽從喜歡的人所說的話。他逐項說明我們可能擁有某些特質或可採取特定的行動，來引導某人喜歡上我們。其中一種方法就是稱讚。他的話並不驚世駭俗，畢竟我們會對稱讚我們的人留下好印象，無論讚美的內容有多瑣碎和微不足道。

實務作業：對大部分人來說，自我和貪婪是非常有力的激勵要素。即使人們嘴巴上都不承認。

有許多讚美詞可用在讀者身上，卻不會令人生厭。有錢人當然是理財有道、車迷當然很了解車子、運動迷對於擁護的隊伍不離不棄、首席執行長是事業有成人士、護士體貼人心。確認了你顧客的特質後，就不難把這份認知化為誠摯、有價值的讚美。

談到車迷，我有幸為《極速誌》（*Top Gear Magazine*）撰寫一系列續訂通訊。事實上，這整套通訊都以單一的主導情感訴求為基礎。我用以下句子奉承讀者是「內行人」：

> 我知道你熱愛車子，所以我猜你可能會喜歡這張布加迪威龍（Bugatti Veyron）的圖片。（譯註：1998 年德國福斯汽車〔Volkswagen〕收購布加迪之後，於 2000 年公開發表的超級跑車。）
>
> 你我都能體會汽車之美、它帶來的愉悅，還有樂趣。
>
> 你看這樣好不好？撕開下方的優惠券，把它回傳給我們，我們甚至讓你下次保養車子時可選擇愛吃的零食。

沒人喜歡阿諛奉承……真的嗎？

反對把阿諛奉承當作銷售手段的另一個原因是：沒有人會買帳，因為你會說：「我從來都不會這麼輕易被收買。」我想反駁這個想法。原因有兩個。

首先，我不相信有人能了解數百，甚至數百萬個陌生人的想法，或他們會怎樣回應。特別是斷言的基礎是這些人的感受或要採取的行動。這種說法不夠科學，也許更是沒有忠實地看待他們自己。我知

道這一點是因為我會稱讚反對阿諛奉承的學員提出直率的意見，而他們無一例外地樂於接受我對其敏銳度的表揚，認為自己實至名歸！

其次，人們都喜歡「被讚美」。自我主義與貪婪一樣，可能是激勵我們採取行動的最有力要素——當然這是從文案寫手的角度來說的。至於人與人之間的關係中，我確定愛是一股驅動力，但是從銷售層面來看，我猜是貪婪（cupidity）而不是天使（cupid）才能獲得優勝者的桂冠（儘管這兩個英文字的拉丁字根「cupere」的意思是慾望）。

許多市場調查都指向一個結論：奉承讀者的銷售文案，其成效比任何由其他訴求驅動的文案都來得好。問題是：為什麼？

個案研究　為 CRU Group 撰寫的續訂信函

這個標題指示讀者要運用視覺想像力。刪節號說明了他們應繼續閱讀，以了解應該想像怎樣的畫面。

用英文現在式撰寫的開場白，勾起讀者的自豪感和自尊心。

CRU Group 所做的是提供金屬和礦物的全球市場情報。本信函是續訂活動的素材之一。

活動進展到此階段時，目標對象早已收到通訊資料，邀請他們續訂該公司的報告。我改變說話語氣，以反映 CRU 擔心失去顧客，也相對地灌輸了一些焦慮感到讀者身上，希望他們提高警覺，要經常掌握市場脈動。

重新設定續訂活動的架構，也就是運用對話的語氣並增加對目標對象的投放數量之後，我們的續訂率從 76% 上升至 85%。（比爾·伯朗特〔Bill Brand〕，CRU Group 行銷經理）

　　還記得我們在本書一開始就提過馬斯洛的「需求層級理論」嗎？一旦你的基本生存需求，例如空氣、食物、水、住宅、安全維護都被妥善照料，你就會進一步要求情感上的滿足。層級中的三個上層涉及到愛和歸屬感、自尊和自我實現的需求。這些需求確實是阿諛奉承可以直接餵養和培育的。簡而言之，就是自尊和其他人的尊嚴。

　　奉承顧客要誠懇。他們絕對會接受大方誠實的讚賞。

壞文案：作為我們極重視的顧客⋯⋯

好文案：常常當空中飛人的你，眼界自然比一般人還高⋯⋯（引自作者為商業雜誌所寫的郵件）

　　我們需要知道其他人常想到我們。你只需要在文案裡告訴顧客，你有多想他們就行了。

文案中採用阿諛奉承手法的時機

　　如果你接受我的前提，接下來你應該問：應於何時提出讚美？答案是：一開始就要。阿諛奉承是電子郵件、銷售信函或網頁最安全的起點：它引人入勝、直接對讀者說話、不會反駁任何意見。你會因此抓住讀者的注意力，因為你說話合情合理，所以他們願意繼續讀下去。以下是一份旨在推銷以實力為基礎的人才招募白皮書，參考它第一句的寫法，這可說是最經典的誘售法（Bait-and-Switch，譯注：以低價商品誘惑顧客，再向其推銷高價商品）之開場白：

　　親愛的茱迪，

　　身為人力資源界的資深專家，您也許收到過數十封電子郵件，向你推薦防止人才流失的解決方案。而且我敢打賭，你應該已將大部分這些建議都丟到垃圾桶了。

　　好的，現在我們已讓茱迪注意到我們。「資深專家」後面的逗號是個關鍵：它向茱迪發出訊號，表示好戲還在後頭，進一步證明我們的稱讚言之有物。

　　即使茱迪已讀到這一段結束，她還是不願意停下來。故事還沒說完呢，她心想：「說的沒錯，可是你到底想說什麼？」這裡開始

我們的誘售技倆。接下來我們說：

> 可是，由於我知道以實力為基礎的招募法已進入你的雷達偵測
> 範圍，你會想知道我接下來要說什麼。

事實上，我們更進一步奉承讀者，因為我們告訴她，我們知道
她感興趣的事。這一段的後半段把誘餌拿走，現出鉤子。

> MazPeople Inc. 為如你一般的資深 HR 經理獨家推出研究調查報
> 告，內容是關於 HR 總監對於人才戰爭的態度。我們的全新白皮
> 書也提供 10 個建議，幫助你吸引和維繫人才中的人才。

在此方法下，你可以運用各式各樣的切入角度。針對每位讀者，
他們的生活中有數十個層面可讓你大力稱讚，其中包括：專業權威、
絕佳的運動表現、良好人際關係，以及對動物的憐愛之心。開始寫文
案前，你應已想過且感受過讀者的世界，所以不妨待在那邊久一點，
觀察看看一開始怎樣的讚美最吸引他們。

最微妙的阿諛奉承：如何讓人花錢時覺得是擁有特權

在許多情況下，人們都不想要便宜的商品。昂貴商品總是我們
渴望的對象，正是因為它們高價。無論全球經濟在起飛還是泡沫化，
全球奢華商品業依然蓬勃發展，就是這個原因。儘管我無法證明，
但法拉利業務員不會向老闆抱怨，如果能降低車子售價，他們的業
績會變得更好。

但是，如果商品非必要地定價過高，那就是另一回事。「高價」
（costly）暗示有非必要的支出；這樣就不那麼好賣了。同樣是「高

價」，語言上微妙的差異，就是賺錢或賠錢的分水嶺。就承認吧，我們都喜歡小小的奢侈一下。奢華代表地位，代表自尊和他人的自尊。奢華讓我們自我感覺良好。

我們要如何玩奢華的把戲呢？如果我們賣的是奢侈品，那麼工作如同在公園散步般輕鬆自在。但如果賣的是較凡夫俗子的產品，例如會計服務，那就得要多思考了。我們得要發揮創意。有個做法是……

從旅館服務業到出版業的阿諛奉承範例

我剛從倫敦主持訓練課程回來。在倫敦時我住在 Hilton in Docklands。由於我每個月至少要飛倫敦一次，因此我加入了他們名為 Hilton Honors 的「飛行常客」計畫。

所以我上一次訂房時，就很高興因身為 Hilton Honors 會員而得以「自動升等」。我可以選擇三種不同的升等方式，全都是提供較大客房、風景更好，甚至有陽台。但你猜怎麼了？

升等還要付費，我承認費用不高，但還是要花錢。

Hilton 這事做得高明。他們抓緊正確的時機，在你買了他們的住宿後向你升級銷售，並把他們的銷售流程包裝成「會員專屬優惠」。他們的做法的確發揮作用。

試試這樣做：在顧客向你買東西時立即升級銷售。這是他們感知最敏銳的時刻。

我再提另一個不同產業的例子：雜誌出版商推出的自動會員續訂計畫。

這種計畫實質上是出版商在你訂閱期滿後自動要你刷卡支付下一個訂閱期的費用，直到你向他們要求取消訂閱。這是一項完全合

法的付費機制，其專業術語是：信用卡持續授權（continuous credit card authority），有點像「銀行的直接扣款協議」。

可是，從業務的角度來看，這不像是飛行里程那麼值得顧客每年刷卡續約。因此，你把它包裝成「會員計畫」。大家現在對人性很了解，對吧？這是怎樣的心態？沒錯，人類是群聚動物，因此喜歡加入些什麼團體。

事實上，以上的例子都為顧客帶來效益。Hilton 的客房升等讓你花點小錢享用更好的房間，可說是有效省錢且享受更舒適、身心靈得以放鬆的住宿。

至於雜誌出版商（或其他選擇這麼做的聰明公司），則是免除了顧客日常生活裡的行政作業，甚至免費為顧客提供這項服務。我常說的一句話（我承認是沿用前人的用詞），就是將信用卡持續授權的業務定調為：自動會員續約計畫。

因此，我要問你的問題是：你的產品或服務內容裡，有沒有什麼特定的層面，是更多顧客採納之後，能顯著地提升你的利潤的？他們是否會拒絕採納呢？你能否將這個寶貴卻刁鑽的項目再包裝，讓它看起來如同對顧客的額外效益？

好吧，這裡是三個問題，卻都是很重要的問題，而答案……啊，對了，這個答案完全與文案相關。你無需重新架構產品內容，因為它就是那個樣子，看你文字上怎麼描述。

做生意就好像現實生活一樣，你把所有的錢都攤在桌上絕對不是個好主意。如果顧客對一個能讓你賺更多錢而且也能幫他們解決困難的想法感到抗拒，那代表你還有努力的空間。

人們喜歡升等、會員專屬優惠之類的好處。因此，就開始朝這個方向寫吧。

關鍵心得：別害怕向顧客推銷新東西，不過一次推銷一樣就好。

從理論到利潤

如果你希望成功運用這個技巧，先要克服幾個難題。首先，運用它時你的道德感過得去嗎？問這個問題是因為有些人覺得會違背良心。這不該是個問題，因為接下來你要自問：要稱讚顧客些什麼事呢？你需要一再思考他們的技能、素質和個性。他們對什麼事感到自豪？他們自信地活在自己的世界裡，還是依賴別人的看法，才能保持情緒的穩定？回答這些問題有助於你衡量必須為稱讚付出的代價，才能讓他們點頭如搗蒜，讀你寫的文案並接受你接下來要說的話。

談到提供升等機會來奉承顧客時，這和你是不是在奢侈品產業並無關係。倒是，你可以向他們借幾套衣服，還有語言，將你的產品或額外服務定位為獨享優惠、升等、「鑽石服務」或高級服務。記得：人們有團體歸屬感，喜歡各種類型的社群和俱樂部，因此最簡單的做法是建立訂戶俱樂部。準備好你的會員方案，寫一封歡迎信並傳送給每位新顧客。接著，想想怎樣鼓勵再次購買或更大筆金額的購買。但你不會這樣定義這些業務行為，而是稱它為升等。

專題討論

1　阿諛奉承能滿足哪一種人性的需要？
2　理想中應該在文案裡的哪個地方運用阿諛奉承？
3　只有適度奉承讀者，才能發揮效果。對或錯？
4　班傑明‧迪斯雷利說過，要奉承皇室家族，應該用：
　　a) 抹刀

b) 毛巾

c) 鏟子

5　談到「令人喜歡」，羅伯‧席爾迪尼斷言，我們比較可能聽哪些人的話（可複選）：

a) 讓我們開懷大笑

b) 稱讚我們

c) 外表具有吸引力

6　人們喜歡升等優惠是因為怎樣的情感反應？

7　以下哪一項無法作為你的奢華商品的名稱？

a) 金卡

b) 主管級優惠

c) 專屬俱樂部

d) 常客俱樂部

e) 圈內人

8　昂貴（expensive）和高價（costly）產品之間有什麼差別？

9　如果你的顧客抱怨產品太貴，你還沒有向他們展現些什麼？

10　以下哪些產品最能利用奢華優惠的權益？

a) 要花許多成本生產的高價商品

b) 實質上幾乎可以無本生產的低價商品

c) 要略花一些成本生產的高價商品

付諸行動

練習 25：老實說，這個跟你很搭！

想想你某位好友或同事。列出他們正面特質的清單（建議你找個他們不會突然出現的地方這樣做）。針對每項特質，用自然的對

話方式，寫幾句誠懇的恭維話。

練習 26：要說實話嗎？你好臭！

挑一位公眾人物。列出他們的負面特質（我猜這不會太難，至少你可以寫他們很自大）。針對他們的每項負面特質，以相反的方式（例如，驕傲就說他們謙虛），也是要用自然的對話方式，寫幾句恭維話。

練習 27：阿諛奉承讓你通行無阻

撰寫銷售電子郵件，一開始就強烈標榜顧客的自尊心。要誠懇且堅定地讚美他們。如果你需要一些幫忙，試著這樣寫：「您身為一個……」。記得快速將誘餌變成鉤子，並根據你正在讚美的顧客特質，寫出你希望他們接著採取的行動。

練習 28：尋找桌子上剩餘的錢

在你公司的產品中，找出一些特定產品，如果每位顧客購買主要產品時同時加購這項產品，你的利潤就會非常可觀。

練習 29：請顧客加入稀有的專屬團體

想出六個附加銷售計畫的名稱，使用類似「俱樂部」（club）、「協會」（society）之類的詞彙，表達專屬會員的概念。

練習 30：準備好加入我們的菁英顧客行列了嗎？

為你新定義的奢華產品或服務寫些額外的銷售文案。下次有人下訂單時試試這樣做。強調當會員的好處，而不是產品本身的效益。

Tweet：How are you doing? Tweet me @Andy_Maslen

09
寫出感情豐富的文案之古希臘祕密

> 所有人類行為都因至少此七種原因之一而起：機會、自然、強迫、習慣、理性、熱情、欲望。
>
> ——亞里斯多德（Aristotle）

簡介

最早以系統性方式思考「如何利用語言的力量鼓吹人們採取行動」的，是古希臘人。修辭學家發展出許多至今仍沿用的技巧來建立令人信服的論述，包括從複述到對比、從諷刺到隱喻。英文裡也直接抄襲他們的論述，用「修辭問題」（Rhetorical Question）一詞，代表可引導他人思考的問題，而不是直接提供答案。

也許你會以為拿西元前 480 年的雅典市集裡找個大鬍子老兄發表政治見解，和您今天寫一則 Facebook 廣告相比，是太誇張了。但其實不會。你認為那時單靠演說就能煽動民眾打仗會有多容易？或者是推翻政府？請用 1 ～ 100 作為評量範圍作答，1 是：「啊，我好像沒有關瓦斯爐」，而 100 則是：「快！把矛丟給我」。但這就是過去曾發生的事。不是每天都在上演，但其頻率已足以讓我們探討

語言的意義，看看我們能否從中學習教訓。

本章的重點是如何建立論述（argument）。如果你認為這指的是另一個公式，答對了。如果你認為這是指另一個英文縮寫字，答對了。如果您認為這指的是另一個機械式的「這裡一些、那裡一點」的法則，那麼你就錯了。這是方法是概念性的，而不是結構性的。

就如同本書的許多其他技巧，它值得我們花些心思徹底了解和練習它，因為它能讓你的文案從每天來自四面八方的轟炸式訊息中脫穎而出。再說，它的威力其大無比，因為它內含強烈的情感元素。此外，也讓寫作變得更有趣。（不是說我們很注重樂趣，但誰說工作就應該枯燥乏味呢？）

*

想像一下這樣的情境：你在雅典參加一個訓練課程，課程導師是亞里斯多德。他的閱歷非常豐富，其中一位客戶甚至是亞歷山大大帝。那時候他已寫出了〈修辭學〉（On Rhetoric），也許你曾試著上網到 Amazon 訂購，但畢竟這是一條歷史的長河，流著流著就離我們數千里之遙，南美洲以外沒有人認識他（也沒人聽說過南美洲）。你到雅典是因為你聽說亞里斯多德制訂了有效的說話溝通法，也就是套句現代商學院的理論家所說，就是「三點策略」。要成為扣人心弦的說話者，他建議你採用三個元素：人格、情感與邏輯。

亞里斯多德自己是這麼說的：

> 說服力無疑就是一種示範說明，因為當我們認為某件事已經被證明（示範）之後，我們才會被完全說服。話語可以內含三種說服力模式。第一，說話者的個性堅定不移，因此說話內容強而有力，讓我們覺得能信服他。其次，說服力也許來自於聽眾，因為演說攪動了他們的情感。第三，一旦透過能適用於有問題的狀況且具說服力的論述，進一步印證了真理或明顯的真理時，話語本身就產生了說服力。

　　我的解讀是：人格（Ethos，或稱價值觀）、情感（Pathos）和邏輯（Logos）。

　　人格指的是說話者的個性。換句話說，也就是我們為何能信任他們（以及他們的話語）。

　　情感是論述的情感性訴求，讓人們對其論述產生情感。

　　邏輯是比較智性的部分，也就是聽眾（或讀者）為何應該相信說話者。

關鍵心得：個性、情感、論述，這是古希臘成功溝通的三大要素。

　　這些也正是我們在文案寫作時的法則。嘗試推銷，或以任何方法修正讀者的行為、情感或意見時，如果不遵循亞里斯多德的三點法則，你可能會迷失方向，表現得更糟糕。

　　你可以巧妙地運用這個方法，而且我認為會帶來立竿見影的效果。我傾向於這樣寫類似退款保證的文案：

> 我確定你會對產品 X 和其通過過三次測試的內部部件 100%感到滿意。但為了讓你完全安心，特此提出個人保證。

　　「三次測試」和「100%」是邏輯。「安心」是情感。

　　「我確定」、「滿意」和「個人」是人格。

下載：利用此範本，找出你的業務推銷中可運用「說服力的 EPL（人格、情感與邏輯）模式」的部分。

個案研究　石化市場快報的影片腳本

螢幕的字幕強化主要銷售點，但敘述者說話時要遵循自然的語言模式。

Platts 是 McGraw Hill Financial（紐約證交所：MHFI）旗下的一個部門，是全球數一數二的資本和商品市場信用評比、基準和分析作業公司。

這個專案，Platts 希望在網站上同時呈現講稿、文案和圖像。

寫講稿應注意說話的韻律感。

觀眾必須相信敘述者真的是一個交易員。在這份講稿中，我確認已經包含了亞里斯多德的三大論述原則：人格（說話者的個性）、情感（他對觀眾感情的訴求），以及邏輯（他論述中的知識力量）。

表 9.1　文字記錄

旁白	字幕
如果你像我一樣在艱困且複雜的市場上做交易，你就必須掌握最新消息，否則早晚被淘汰。	Platts 帶給你即時資訊
市場變動很快，從消息到價格，Platts 石化市場快報告訴我一切情報，讓我得以迅速作出回應。	每分鐘更新的最新消息
全球石化市場行情瞬息萬變，它告訴我我正在交易的商品的即時價格。如果市場知道這些，我也要知道。	聚合物、芳烴、烯烴、溶劑、原油、揮發油、LPG、苯乙烯、塑料、甲醇和其他原料
Platts 石化市場快報帶來新聞、長線分析、遠期曲線評估，一切情報都能讓我站在動盪市場的尖端。	從工廠關閉到產業和市場的表現
對我來說，它是金礦。如果要做出關鍵的交易決策，你絕對少不了它。這幾乎就是每天的全天候情報了。	這些資訊支援你做出即時決策
基本上，我是從數百個價格評估裡面篩選，建立自己的儀表板。我甚至可以在儀表板內嵌入圖表，協助我視覺化地評估價格，了解影響我交易和持有部位的因素。	即時新聞快報、長線分析、價格走勢圖——制訂個人化的儀表板
我可以輕鬆坐在桌前，追蹤全球石化商品價格，就是這麼簡單。	投標價格和化學品賣價
此外，我也會收到交易回報和收盤價評估，協助我了解全球市場變動因素，讓我第二天能做出更關鍵的交易決策。	整合、透明、全球同步
如何用三言兩語來說明 Platts 石化市場快報呢？ 對我來說，就是三個重點：效率、即時和掌控。 我可隨時取得想要的資料，用想要的格式。身為交易員，該怎麼做？我使用 Platts 石化市場快報。	立即註冊，取得免費示範…… 聯絡你所在地的業務員

如果讀者相信你，他們就更有可能認為你的論述可信，並採納它們。如果你能激發他們的情感，他們就更有可能跟進你的步伐。

如果你能用確切的理由說明你的論述真確，他們就能在理性上接受自己的情感反應，並且更信任你。

壞文案：約坎‧多拉達（Joaquin Dorada）是領先西班牙的一位牙醫師。

好文案：嗨，我是泰瑞莎。我從事營養師的工作超過 20 年了。我為專業廚師提供諮詢服務和營養訓練。（菜單分析師的推銷信）

使用人格、情感與邏輯的例子

以下是虛構的 S Todd 刀具公司的三個版本的網路文案，我們一起看看。

人格：您好，我叫史威尼‧陶德（Sweeney Todd）。我花了 30 年時間探索刀具工藝之美。

第一個 10 年，我師承日本刀具大師 Riuchi Yakamoto。創立了個人的烹飪和狩獵刀具事業後，我被舉薦加入世界刀匠大師理事會（World Council of Master Bladesmiths）。

購買 S Todd 烹飪刀具，或我們的 Hunter's Choice 系列，就代表您信任一把能反映逾千年刀藝歷史的心血結晶。

情感：想像一下。您答應太太親自下廚，準備一道全新的壽司料理。緋紅的鮪魚肚和半透明的鰻魚正躺在砧板上。現在可不能隨便用劣質的刀子。你希望把魚切得十全十美，同時保住十根手指。

就把美好的壽司和相聚時刻，都交給 S Todd 壽司刀吧。更重要

的是，太太會笑得如同婚禮當天一樣美。

邏輯：這是事實。大部分的現代烹飪刀具無法達成任務。測試報告說明，市面上超過 90% 的刀具都只利用名為「熱軋」且略遜一籌的回火流程製成。那是一種大量生產技術，用以製造你在百貨公司裡看到的廉價刀具。

S Todd 採用的製刀法，是西元 987 年在日本精研而成。它稱為冷碳回火，需要花 14 個小時、超過 30 道流程，才能創造一把完美的刀。

理想的狀況是，單一版本結合以上三種法則。我們稱此為 EPL。最棒的文案必須同時說服讀者信任作者，無論他 / 她賣什麼，讀者都想要，而且最關鍵的是：相信購買行為潛藏著美好的理由。亞里斯多德的 EPL 是帶領我們達成此目標的三個重磅出擊。

實務作業：如果你只有很小的文案空間，就用情感的方式。記得，情感驅動決策制訂。

從理論到利潤

我猜你會很重視業務推銷中的邏輯部分。大部分人都是如此。我們傾向於相信邏輯、事實和數字。到了此時此刻，我希望你開始對這一點開始質疑。在任何狀況下，功能說明也許是最明顯能用邏輯來完成的，你不太需要什麼幫助，就能做到這一點。至於其他兩個組成部分呢？你要怎樣運用人格和情感？

我們先來試試人格（或價值觀）吧。你應該對於和同事討論公司的個性感到自在。在現代管理學中，我們很清楚價值觀這回事。

可是且慢！不要因為擔心要為公司寫一份願景聲明而逃得遠遠的。一開始，你可能要花好幾個月，最後要董事會、法律顧問和法規遵循部門聯手、重整理念，才能大功告成。不妨把組織當作是一個人來形容一下吧。

　　針對情感部分，試試看本書到目前為止所探討過的情感技巧。記得，你的顧客已預設為會以情感來回應，他們不會去解讀論述的風格。對他們來說，這一切都是自然而然的事。

專題討論

1　邏輯（logos）指的是什麼？
   a) 你的品牌識別
   b) 你的論述
   c) 你的句子結構

2　亞里斯多德曾諮詢過哪一位以戰士聞名的國王？

3　「我有一些單純想跟你分享的東西」，這個訴求的基礎是：
   a) 個性
   b) 情感
   c) 邏輯

4　進一步提出邏輯性的論述，可以提升您在讀者眼中的個性。對或錯？

5　如果效益都來自於情感，那麼功能是什麼？

付諸行動

練習 31：一切關乎建立個性

選一個目前或未來要進行的活動，並用人格（價值觀）法則撰寫內容。

練習 32：運用情感

現在用情感法則重寫上述活動。

練習 33：讓我們來建立論述

最後，用邏輯法則再寫一次。

Tweet: How are you doing? Tweet me @Andy_Maslen

10
社群媒體文案術和人脈關係

我們每天的為人處事，都在回應著他人的觀感。要讓腦袋保持正常，在極大的程度上，我們得與人交際。

——約翰・厄普代克（John Updike）

簡介

大部分關於網路文案的爭論在於：錯誤地假設人們會因通路的改變而改變行為，最常且一再聽到的斷言是：他們的注意力變得更短暫。然而，社群媒體並不是這樣。在社群媒體尚未出現前，我們無法如此快速同時和各式各樣的人溝通，而且涉及的內容豐富廣泛（更不用說可增添怪奇、自我和吹嘘色彩）。寫作本書時，大部分人拍照的主要目的已完全改變，也就是從列印照片後放進相簿（更常見的動作是：束之高閣），轉而貼到社群媒體上與人分享。

Facebook 催生了 Facebook 廣告，Twitter 也有贊助推文，更不用說「社群媒體」這把大傘下數百個網站推出了百萬億則自我推銷的貼文。所有這些現象都讓人開始焦慮，不斷摸索要在社群媒體達成怎樣的「正確」行為和貼文內容。

我將在本章分享個人經驗，以及對於社群媒體的寫作見解。我談的是商業寫作；你要在個人帳戶說什麼、怎麼說，都與我無關。

我慢慢體會到社群媒體是推廣、影響和銷售的頗有效方法。事實上，某學員就是因為看到我的推文，覺得我對社群媒體缺乏信念，才來參加我的公開課程。

圖 10.1　推文

我要請你開始思考三個問題：要說什麼、怎麼說，以及如何保持你的聲譽。如果你把一封寫得很爛的直銷郵件寄給某人，他們可能會掃描它、編輯它、重新調整大小，然後貼到 Twitter 上。如果你也如此對待部落格貼文或 Facebook 更新動態，那麼很有可能你會發現自己被打臉，更糟的是：在幾分鐘以內就發生。

*

你有用 Facebook 嗎？ Twitter ？ LinkedIn ？ Instagram ？ Google+ ？我猜你至少會使用一種。

為什麼你會在社群媒體上？你會把「工作」和「個人」網站區分開來嗎？你是代表公司、品牌或你自己推文？這些事很重要，因為沉醉於這些虛擬世界之前，你必須為自己設定幾項規則。因為第一：你可能在清醒的每小時內查看通知、按讚數、關注者等等的現況。其次，社群媒體有部分涉及商業活動，如此一來，您應該花一點心思，思考社群媒體活動中的商業行為。

由於本書部分內容涉及情感和動機，因此我們先稍微停下腳步，想想為什麼人們那麼喜歡社群媒體。嗯，你說為什麼呢？我覺得線

索就在這個名稱上。它是一個社交空間。人類是社交動物。貓熊沒太多時間上 Twitter，狐獴（meerkat）也許一天到晚都在版面上。

　　不過應該存在比社交更深入的原因。畢竟在 Facebook 之類的網站上，我們已是親朋好友圈的一分子。如果我們的親友分散各地，也許這是保持聯繫，或感覺彼此保持聯繫的方法。可是，拿起電話和別人通話，不是更有聯繫的感覺嗎？

社群媒體的八個面向

從心理學觀點來看，社群媒體有八個有趣的面向。

1 它是**公開**的。如果你跟某人說個笑話，這個人會開心地笑。如果跟群眾說，群眾會笑。這樣的反饋就好像對你的自我做了一小時的全身按摩一樣舒服。

2 它會接觸到**陌生人**。沒錯，很多關注者會是你的朋友或同事，但也很多只是社群媒體上的他人。然而，我們對每個人分享相同的資訊。

3 它很**即時**。咚！一則最新消息。咚！新通知。咚！新關注者！你可以整天跟這些人聊天。誰還需要工作？

4 它很**快**。無需規劃要說什麼。無需等候某人拿起電話。就說要說的話就好。

5 不需要**太用力**。大部分社群媒體貼文都超級短（我們稍後會談這個部分）。也就是說，你看到了貼文，就像脫口而出那樣地回應就好。

6 它提供**立即獎勵**。最新貼文會爆嗎？幾秒鐘就知道。你回應了關注者的推文，立刻就會收到回覆。

7 它是**免費**的。它就在公司、資料套件、您家的寬頻訂閱裡。

8 它令人愉悅。聊天比上班有趣多了。看看貓咪影片，或閱讀部落格貼文，總比做家事輕鬆。別人按「讚」或「追蹤」我們，我們會覺得開心。

社群媒體貼文和回應已和自我價值、社交狀態、歸屬感、被他人欽佩、讚賞、喜歡和有影響力連成一體。它有點強迫性，甚至會讓人上癮。而且你猜，整個上癮的流程是從哪裡開始的？我們的老朋友「邊緣系統」，它可說是強而有力的驅動力。社交是人類的重要部分，這使得社群媒體成為大家溝通的天然舞台，當中涉及的就是你和我。

現在我不想爭論社群媒體是否「值得你花時間」。這個話題夠我再寫一本書來討論。我們先在這裡假設它值得我們費心經營。接下來要問的就是：你打算要寫什麼？要怎麼寫？我開開心心地推文幾年了（必須承認曾中斷一年）。我有個 LinkedIn 帳戶，甚至還有自己的群組。

關鍵心得：按自己的意願參加社群媒體，而不是覺得自己「非」這麼做不可。若無心經營，大家都看得出來。

社群媒體的十個規則

以下是我對使用社群媒體的十項觀察心得，希望對你有幫助。

1. 小心

這是老生常談：只談論你感到自在的話題，比方說，你的讀書心得；你的牧師、神父、拉比；老闆、男朋友或摯友。

喝醉了就不要上 eBay 購物，也不要上 Twitter 和人激烈吵架。

還有一條老掉牙的黃金法則：如果是你不想在公司布告欄上看

到的東西，就不要上網談論它。

2. 原創

有時候，取消關注是看到這類至理名言時的唯一選擇：

> 「產品效益比性能更重要。」
>
> 「每日一詞：『arcane』——神祕、晦澀難懂的。」
>
> 「資訊圖表：10 種 Twitter 使用者」

若您有感而發想要製作資訊圖表，記得兩件事：它只是「圖表」的花俏用語。第二，如果文字本身就能說明主題，那麼要圖來做什麼？

我情願思考這樣的推文 / 貼文：

> 「性能比效益重要的原因。」
>
> 「撰寫標題的傻瓜法則——以及為什麼這樣做比你的做法好。」
>
> 「資訊圖表：神經科學、文案和 EBITDA。」

3. 新鮮感

如果每個人都在貼產品的照片，你就貼狗狗吧。如果市場已充塞了酷炫的資訊圖表，就來做個 18 世紀鑲框的廣告吧。

如果你關注的部落格都在談論職場生活，你就談談你的度假、在家建造遊艇專案和烹飪災難（要圖文並茂）。

關鍵心得：如果你只把社群媒體視為「通路」，就永遠無法在此領域得勝。它比你想像的來得豐富和複雜。

4. 厚臉皮

社群媒體有著與網站、電子郵件和平面不同的社交管理：你說話的尺度更寬鬆。

溫和的咒罵，甚至是略作譴責都沒什麼問題，但是有時候加一點星號比較保險。

調情、爭吵、取笑都沒問題，只要你遵守黃金法則：參閱上方規則 1，以及想清楚再貼文。

5. 提出意見

不置可否是有點無聊。但我們都會這樣做。我們強烈表達意見時都想找個靠山，因為深怕說錯話或涉入激烈爭辯。

嘿！在這平台上，就和個稀泥吧。會發生怎樣糟糕的事呢？（參閱上方規則 1）

你在社群媒體上至少可以表達兩種意見，並在過程中建立良好聲譽。第一，誠懇的意見：你可能會說：「捕鯨是國恥。同意請分享。」其次，想發表意見而發表的意見：「我是唯一覺得凱特王妃有點像東尼虎（譯注：家樂氏玉米片的吉祥物）的人嗎？」

我的經驗是後者會有更多人按讚和轉推。

6. 確有其事

這好像跟我上一條的觀點互相矛盾，但你必須忠於自己。也就是特立獨行。

沒有什麼比沉悶的企業貼文更糟的了。我最近在 Twitter 看到某排名前四的會計師事務所這樣說：

> 「個人部落格可以增加你的信譽和透明度。」

不會吧！

我的意思是，必須保證你在社群媒體所寫的都是來自真實的自己，有點幽默、愛鬥嘴、俏皮之類的。

7. 真誠

社群媒體有點像廣告，所以要誠實，任何聲明必須有憑有據。

只要你的貼文內容夠真實，你就可以使用任何語氣；又或者是：只要品牌溝通總監允許，你就可以隨心所欲的談天說地！

實際上，我認為誠實比真誠更好。開玩笑、幻想、無中生有；但不要做混蛋、偽君子或騙子。

8. 運用照片

雖然你是寫手，但也要考慮何時該在貼文中附帶圖片，讓讀者更感興趣。

記得，人們都喜歡社群媒體上的照片（尤其是在 Facebook），這是吸引注意力的絕佳方法。

我猜這也是資訊圖表大行其道的原因。

9. 擅於交際

如果你把社群媒體視為只是另一個「通路」或「行銷路徑」，就難以獲得回報，甚至讓它充滿樂趣。

如果有人回覆你的貼文／推文，就和他們展開對話。也看看其他人發表的貼文，回應他們。

雖然 Twitter 要求簡短，但不要讓它限制了你說話的語氣。始終要尊重他人。用「Thx」代表謝謝、「Pls」來說「麻煩您」是沒問題的，但如果他們嗅到傲慢的氣味，就會氣到臉皮抽搐（相信我，我知道！）。

10. 記得推銷

不是要你俗氣，但何不試試在社群媒體上賣東西？

我懂、我懂，那就是建立品牌、語氣、顧客溝通、社群……但這是要花錢的，因此需要同時考慮投資報酬率。

社群媒體上有很多衡量指標可供參考，最常見的是數量。按讚、關注、轉推文、粉絲數等等。

但可以先跟財務總監／會計師討論，看看他們怎麼說。

有時候，你必須達成社群媒體的投資報酬率。既然所有投資都要講究報酬率，社群媒體也是一樣吧？

進入急速發展的社群媒體世界後要記住，你想聯繫的人沒有改變、想談論的事情也沒有改變、你自己也沒有變。變的只是媒介。

當社群媒體遇上內容行銷

雖然本章談的主要是社群媒體，我覺得順便討論社群媒體（超短格式通路）和內容行銷（是個更微妙的空間，包括長短格式的文案，更不用說和音訊、影片、圖像、動畫快樂共存）之間的關係，也是不錯的。

無可否認，Facebook、Twitter、LinkedIn 和其他社群媒體是發展顧客關係的理想平台，而這些社交方式的限制是：我們往往還需要透過其他領域來深化與顧客的關係並從中獲利。這就是內容行銷出

場的時候。內容行銷填補了社群媒體的稍縱即逝與交易式文案的長遠影響之間的鴻溝。部落格、解說、簡報、影片、網路研討會，有很多方法可以展現你的知識和專長；現在你還可以享受寫長篇文案的樂趣——只要你願意。

許多運用於好文案的寫作規則，也適用於內容行銷。它應該引人入勝，並建立信任。它應簡單明瞭（拜託不要寫廢話），文風同時要透露友善、平易近人，甚至是（如果你喜歡的話）閒聊的氣息。換言之，避免陷入直接銷售的誘惑，並專注於為讀者提供有趣和相關的資訊。

建立內容之後，社群媒體就是最有效的推廣或宣傳通路之一。這個時候，我們又要回到本章的主題。

個案研究　為 Collinson Latitude 所寫的簡報

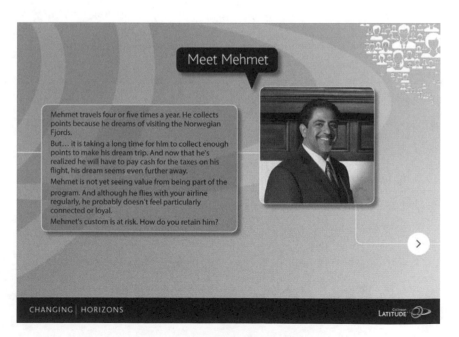

先用說故事的方式呈現角色，並使用現在式，好讓角色如同故事中的人物。

Collinson Latitude 是 Collinson Group 的一部分，它藉由忠誠度、生活福利、保險和援助，協助企業塑造和影響顧客行為。

我們的簡報是在建立內容，向客戶說明本公司的產品如何能幫助他們提升業績和忠誠度。這是說明如何加深顧客關係的簡報。我們利用不同的顧客角色編了一些小故事，生動描述公司不同的行銷計畫如何幫助客戶提升業績。

為行動裝置和社群寫作：超簡短文案的藝術

我們已討論要如何擅於交際，現在來看看如何撰寫社群文章。我主要是考慮短文案，因為寫一篇 1,500 字的部落格貼文，和寫一篇 1,500 字的雜誌文章實際上並無不同。當然，如果能寫得好，就會不一樣。我要談的是 Facebook 最新消息、LinkedIn 貼文、Twitter 推文、個人資料、簡訊之類的東西。隨著行動商務的蓬勃發展，我們都必須成為禪宗大師，能夠撰寫簡潔而引人注目的文案。不過，在我們被這個時代精神感染，進而絕望地丟下鋼筆之前，你要如何看待分類廣告？標語？信封？廣告看板和海報、公車車體廣告和搖搖卡？這些我都在智慧型手機問世之前和之後寫過。在此不得不說，我寫的字數很少超過 100 個字，沒錯，簡潔是關鍵。不是一直都是這樣的嗎？

儘管您不需要在網站或行動裝置上改變說話的內容，但也許要改變說話的方式。不論你喜不喜歡，使用網路時，不管是在哪種螢幕上（尤其是在較小的螢幕上），顧客都希望以較小的篇幅取得資訊。或者說，你是被迫用這種方式傳遞訊息：主題列（subject line）、推文、

AdWords 和橫幅。我一律稱這種寫作風格為超簡短文案（Ultra-Brief Copy, UBC）。

壞文案：與欣賞你專長的人為伍

好文案：夥伴們，我們可以一致通過立即停用 「2.0」嗎？ #itsOver #moveOn（來自 @spydergrrl 的推文）

　　你可自行決定文案的篇幅，但有時候不同媒體的文案段落會有所不同。比方說，社群媒體採用較為非正式的風格。尤其是對於經常自找麻煩的企業，他們眼高手低想成為社群菁英，或自吹自擂想把社群媒體變成公司簡介的翻版。

　　從某種意義來說，以書本形式發表社群媒體和行動裝置的寫作指南，好像有點違反直覺，因為它的內容瞬息萬變，你閱讀本文時，它們的內容可能早已不合時宜。可是你又能怎麼做呢？〈聳肩〉

如何撰寫可被瀏覽到的主題列

　　就讓我們從主題列開始說起。根據不同的研究調查顯示，主題列的理想長度介於 29 至 39 個英文字元之間（為什麼不是 40 個，我就不清楚了）。但是一旦超過 100 個字元，似乎開啟率又會高起來。真是件怪事。

　　無論如何，很明顯主題列的開頭是最重要的，這與閱讀平面媒體不同，人們瀏覽螢幕內容通常只看主題列的前幾個字，而不是認真地從左到右讀完。想像一個巨大的 F 大寫字母覆蓋在電子郵件收件匣上。這就是所謂的熱度圖（heatmap），顯示什麼地方最常吸引人們的目光。我們必須將最多的訊息盡量擠進開頭的幾個字裡，不要把重點藏在最後幾個字。如果你要推廣新的健身中心，你可能會

寫出這樣的主題列：

> 如果你照照鏡子，認為自己可以減掉一些腹部肥肉，這個月就
> 來一趟 MB 健身中心吧。

但你的讀者會看到：

> 如果你照照鏡子，認為自己可以……

而經過他們的大腦處理後：

> 如果你照照……

不夠好。

所以你比較需要像這樣的主題列：

> 這個月到 MB 健身中心消除腹部脂肪吧

或這樣：

> 來 MB 健身中心消掉大肚腩
> 來 MB 健身中心消除腹部肥肉

訣竅是刪除贅字，把最沒有「價值」的字，例如：和、它、如果
和透過之類的字減到最少。這樣做可讓潛在顧客用最少的螢幕空間，
也無需大腦努力思考，就能接收到含義豐富的訊息。

壞文案：為什麼我需要影印機？

好文案：護理師說：「你照做，不然會死掉」（來自一封作者收到的垃圾郵件）

可以嘗試用不同的文字順序，直到把有意義的文字都串在標題上。要告訴自己：讀者只會讀前三個或四個字，甚至是前一兩個字。這樣做會讓你更聚精會神。

如果你的清單有個人的名字資訊，可以把名字放在主題列的開頭做個測試。我長期下來做了數十次人名測試，發現內含人名的主題列，開啟率和點擊率都比較高。

如何處理小螢幕

回顧 1990 年代中期，人們只會在桌上型電腦螢幕上使用網際網路，也甚少用筆電。螢幕的體積都是……大的。（我正在用 iMac 寫這本書，它有一個 37 吋的螢幕。）換句話說，段落看起來很不一樣。就以這一段為例，它有 90 個英文字——不管怎麼說，都是很短的一段。如果行寬（一行的長度）是 11.4 公分（是一般書的常見格式），它就占了 6 行。相對來說是很容易閱讀。

現在，我們來設定智慧型手機的行寬。我用手上的三星手機為例。它看起來像這樣：

Back in the olden

days – the mid-nineties –

when people used the

internet they did so

exclusively on desktop

screens or, rarely, on
laptop screens, all of
which were... BIG. (I'm
writing the bulk of this
book on my iMac, which
has a 37' screen.) That
meant paragraphs looked
different. Take this one.
It has 90 words – so a
short paragraph, by any
standard. At a line-width
(measure) of 90 mm,
standard for a book like
this, it occupies about 10
lines. It looks relatively
easy to take in.

糟糕！不夠好。即使用較小的字體，它仍然會溢出螢幕，需要捲動螢幕來閱讀。

如果顧客正在閱讀剛剛付費下載的書，這也許沒關係。但如果他們正在閱讀書籍的宣傳文字，現在你的文案會讓人心生畏懼且覺得枯燥：因為一段太長了。

因此，你必須調整內容。簡單來說，就是段落不再是具有某種文法或知識連貫性的表達意義的單元，而是單純的長度單元。沒錯，這種做法顛覆了段落的定義。但是，文法學家不需要面對小螢幕的讀者，不是嗎？

Let's adjust our paragraph to make it more readable on a small screen.

Back in the mid-nineties people used the internet on desktop or laptop screens.

All of which were... BIG.

(I'm writing the bulk of this book on my iMac. It has a 37' screen.)

That meant paragraphs looked different. Take this one.

It has 90 words – so a short paragraph, by any standard.

A 90 mm line-width is standard for a book like this.

At this measure, it occupies about 10 lines. It looks relatively easy to take in.

它缺乏優雅的感覺,卻因提升了可讀性和可瀏覽性而更有價值。

社交藝術:撰寫合適的推文內容

這裡有一個難題。如何在一個「非商業性」的環境中,撰寫商業文案?所謂的社群媒體,應該著重在社交。我查到社交(social)的意思是:「關乎社會和人與人之間的關係」。我猜你看到這樣的定義,應該會和旁人熱議一番,直到跟商務扯上關係。但這樣做,只會讓你感到完全無力。

但我們必須在社群媒體撰文。它是一種能發揮作用的通路。

以下是我們撰寫社群媒體文案時必須考慮的幾個面向。

它是社交場合。(廢話!)

它講究歸屬感,也就是說,社群媒體談的是關注者、朋友、群組和人脈關係。這意味著本書(和其他書籍)的某些建議會行不通。

例如，幽默感可以是在社交空間中建立親和力的有效方法。不過，基本上我堅信會笑的顧客鮮少會掏出信用卡。

我曾為某全球性的媒體品牌執行社群媒體的活動，他們測試和研究得出的其中一個結論是：高達數百萬的關注者很不喜歡千篇一律、太常見的優惠方案。他們自認是擁有特權的會員。我們還提出了一項特別優惠，來增強他們的專屬感：「……以非正式的方式……」。

如果你想在這裡玩，就必須遵守遊戲規則。意思是：避免強硬的寫作內容，要用更柔和的非正式作風。在這裡，嚴謹的品牌方針不合時宜，因為它們用的語言對於活潑、談天說地的 Twitter、Facebook 和其他社群媒體來說，都太僵硬了。

試試這樣做：記得：社群媒體的關鍵詞是「社交」。如果你要以社交的方式寫作，就不能像企業人員那麼呆板，要試著用比平常更輕鬆的寫法，而且要簡短。

社群媒體通常沒有太多空間。當然，我們也會碰到例外的情況，但假如你還是喜歡用傳統的長篇幅文案，那就可以跳過本章不看囉。

對於寫作來說，我們需要更像海明威（Ernest Hemingway），而不是亨利‧詹姆斯（Henry James）：要用簡短、精煉、強而有力的片語，而不是散文式、精雕細琢的長達八頁半的段落。回到一些基本建議：採用較短的單字，而不是較長的同義詞；選擇句點而不是逗號和冒號；要精簡不囉嗦。

熱門標題

本書不是要全面討論標題寫作的對與錯。如果你想深入了解這個主題，建議你參閱我寫的另一本書：《文案寫作大全》（*The*

Copywriting Sourcebook）。

　　在引人點擊一事上，我們可以從一些內容收集網站學到很多東西：它們吸引無數眼球觀看小貓彈斑鳩琴、嬰兒指揮波士頓交響樂團，以及微網紅掉進沙井的影片，當中最關鍵的情感是好奇心：「我就是要知道發生什麼事」。還有次要的情感驅動力：「也許我可以和朋友分享這段影片，博取一些讚」。這些標題有個可愛的名稱：「點擊誘餌」（clickbait）。

　　具體來說，主題列會像是這樣：

> 這位老太太以為自己只是買貓糧，接下來發生的事會讓你捧腹大笑。

> 網路上 37 張最令人震驚的照片。第 19 張我真的不敢看。

> 當你看到這個人收集的東西，就會明白他為什麼真的需要社交生活。

> 「文案寫手」新系列中的 21 個「這搞什麼鬼」（WTF）時刻。

> 這些名人衣櫥功能失常，造成的不僅僅是丟臉。

　　要記得：說故事、投其所好、訴求顧客自身的利益。

　　但要注意：這些不是產品廣告，內容是免費提供給消費者的，也就是說，他們不需要付費觀看。當然他們需要花時間看。也就是說，

我們雖然可以吸引人們看影片或圖片，但並不知道這些技巧能否說服他們花錢。此外，大家都知道，點擊率並不等於轉換率。

試試這樣做：如果你希望文案變得熱門受歡迎，必須盡全力從好奇心的角度著手，同時要確保內容與承諾相吻合。

從理論到利潤

設定目標有助於你思考如何運用社群媒體，或用社群媒體做什麼。也就是說：你為什麼要在這裡？想達成什麼目標？有的目標很艱難、但可衡量，例如銷售方面；有的目標是中等難度但可衡量，像是按讚、轉推和關注者的數量；也有與顧客建立關係的這種較軟性目標，雖然比較難衡量，但直覺上令人感覺良好。我認為決定目標才是關鍵。這是個商業活動：如果你不知道要達成什麼目標，就不會了解自己做得是好是壞。再說，社群媒體不是免費的。如果你將所有活動的機會成本都考慮在內，它其實所費不貲。

你要找到方法把所有關注者納入集客式（inbound）行銷策略中，且最後從中獲利。掌握社群媒體的意思是：掌握新規則，用全新的開放態度與顧客真誠對話。做出可置入媒體的原創內容，你會發現這樣更容易建立長期且可望營利的關係。

我假設你已經投入社群媒體，也許正在利用手機做生意。現在就讓我們試著制訂寫出好文案的策略。在這個最即時的溝通空間中，你必須做一些違反直覺的事，以及做好事前規劃。如果是在 16 頁的小冊子中有 5 行文字寫得不好，這不是問題。如果你的超簡短文案專案有五行的文字空間，你千萬要好好把握。然而，你的空間可能更小，而這往往是讓這種轉瞬即逝的寫作方式活起來的契機。

如果我建議你用文字處理套件撰寫企業推文，然後再把它複製並貼到 Twitter，你會想一槍殺了我吧？你可以在整理和貼文之間稍作休息，再反思幾個重點：文字正確嗎？標點符號正確嗎？我看起來像傻瓜或白痴嗎？不妨在自己和同事身上使用超簡短文案看看。在手機或平板電腦上用閱讀的角度瀏覽自己的文案。它在較小的螢幕上有吸引力嗎？會讓你很想看嗎？這幾點對你非常重要，因為讀者會在一瞬間決定讀，或是略過不讀。

專題討論

1　人們為什麼如此熱愛社群媒體？

2　在社群媒體貼文的黃金法則是？

3　什麼時候可以發布不完全真確的內容？

　　a) 絕對不可以

　　b) 無所謂

　　c) 如果你的關注者看得出你是在開玩笑

4　在社群媒體貼文時，你應遵循你公司的品牌指導方針到什麼程度？

　　a) 陽奉陰違

　　b) 不適用，因為那是社群媒體

　　c) 照公司的要求盡量做到

5　由於這是社群媒體，因此不適用舊有的商務原則。對或錯？

6　對電子郵件主題列來說，理想的英文字元數是多少？

　　a) 29–35

　　b) 29–39

　　c) 46–104

7 在主題列的 A/B 測試中，內含人名如何影響閱讀結果？

8 驅動「點擊誘餌標題」的背後，是怎樣的情感？

    a) 快樂

    b) 羨慕

    c) 好奇心

9 最好在超簡短文案中多使用哪個標點符號？

10 以下哪個主題列的效果最好？

    a) 為你介紹減緩下背部疼痛的新方法

    b) 現在有一種減輕背痛的新方法

    c) 背痛？試試這種「荒謬」的療法

付諸行動

練習 34：你再說一次你是誰？

寫出你理想的社群媒體個人資料（profile）。要真誠、真實、和你個人相關、毫不枯燥乏味。讓你的個人資料看起來像是樂於與人結交或互相關注。

練習 35：不同的說話方式

針對你公司的某個發展計畫，分別用以下各種風格撰寫推文：

• 無趣；

• 瘋狂；

• 專業；

• 浮誇；

• 喊叫；

• 幼稚；

- 厚顏；
- 積極進取；
- 有自信；
- 有趣；
- 傷心；
- 神祕

練習 36：設定目標

針對每個你使用或計劃要使用的社群平台，你要如何設定目標，寫一篇短文（不超過 300 字）。

練習 37：建立社交關係

針對你的產品，撰寫社群媒體活動文案，其中包括：
- 三則推文；
- 兩個主題列；
- 一個熱門標題。

練習 38：圖像的替代選擇

檢視你的網站中的所有影像（如果影像多到讓你頭昏腦脹，就看你的電子郵件推廣活動）。它們都有替代標籤（Alt tags）嗎？如果沒有，請撰寫標籤。記得：這些是進行隱身銷售的理想所在。想像一下顧客用智慧型手機下載電子郵件，卻關閉了「下載」圖像功能，他們會讀到什麼（不是看到而是讀到）？什麼都沒有，還是你的銷售訊息概要？

Tweet：How are you doing? Tweet me @Andy_Maslen

11
請讀者採取行動：
成交的祕密

我要你一輩子待在我身邊，做我的另一半，做我在塵世間最好的伴侶。

　　——夏綠蒂・勃朗特（Charlotte Brontë），《簡愛》（*Jane Eyre*）

簡介

　　本書希望幫助你成為一個更好的文案寫手，也就是，要從你的寫作獲得更好的成果。從現實的角度來看，也就是要考慮錢的事情。更具體來說，是如何實現交易。我之前已說過，現在再強調一次，如果你無法開口要求客戶下訂單，你就得要挨餓了。針對金錢一事，不同文化的人抱持不同的態度，如果要談錢，也肯定會有些文化上的慣例。廣義來看，我注意到英國人明顯比美國人更不願意談錢，比方說我們賺多少錢，或是提出商品的價格（無論我們要賣什麼）。（談到錢的時候，明顯的例外情況是：我們花了多少錢買新家，以及它現在的市價是多少，而且說得天花亂墜，彷彿餐桌上只有這麼一個合適的話題。）

　　和客戶談生意時，運用情感的方式——先說故事、感同身受、

221

玩玩心理戰術，似乎是最自然且合適的做法。我們讓潛在顧客覺得一旦他們在虛線上簽了名，日後的生活就會圓滿美好，然後我們必須摧毀它，因為我們要他們把訂單填完。我的意思是，「立即訂購」實在是個很不訴諸情感的指令，是吧？

　　但我們必須要求他們下訂單。問題是：該怎樣推動潛在顧客確認購買，同時不去破壞我們花那麼長時間和精力編織的魔咒呢？對我來說，答案永遠都是：從潛在顧客的角度看世界。也許很多行銷人員和文案寫手都把訂單視為業務上最稀鬆平常的一環，卻在撰寫行動呼籲時，忘了維持焦點。因此，在撰寫訂單表格的標題時，他們沿用大量生產法則，用最遜色且毫無啟發性的言詞。其實潛在顧客才剛剛作出情感性的決策，買了你的產品，因為他們覺得做對了一件事，而你要做的只不過是讓他們繼續這樣想。

＊

　　當你鋪陳情景時，所有這些情感都有其必要，可是我們會碰到一個急轉彎：要直接了當請潛在顧客下訂單嗎？要怎樣開口才適當？提示你：不要一開口就談錢。你要的東西，不是讀者想要的。

　　你需要深入思考如何履行對讀者的承諾。如果他們想要平坦的腹部、F1 駕駛技術，或全功能戰鬥機（1:18 的比例），談談這些內容吧。最重要的是，潛在顧客把手指懸浮在「確認購買」按鈕上時，別讓他看到你額頭滴下的汗珠。要保持冷靜。

實務作業：行動呼籲時強調承諾，而不是購買，讓潛在顧客自始至終維持情感投入。

　　以下這個提示，你會在至少一本我寫的文案書裡看到，因為這個做法太重要了，請容我不厭其煩再說一次：

　　絕不寫「如果」二字。

好比說：

> 如欲訂購

「如欲」指的是：也許你不想買。

「如欲」指的是：因為我不太肯定，所以我這樣寫。

「如欲」指的是：你不一定要買。

壞文案：如需進一步服務，請來信與我們聯絡。

好文案：以下是解決今天問題的連結。只要跟昨天一樣點選按鈕，這就全都屬於你了。（作者為 Platts 撰寫的銷售電子郵件）

好的，這不是我慣常的做法。那你一定會問：我們要怎麼做呢？就從你用的字眼開始討論吧。

26 個行動呼籲詞彙

以下是 26 個和行動呼籲相關的字眼。請把它們重新分成兩組清單：智識和情感。準備好了嗎？

預訂	認識
購買	訂單
收費	付款
選擇	聲明
恭喜	快
貨運	犒賞
寄送	急速

註冊	省下
協助	選取
趕快	傳送
投資	助養
發票	訂閱
加入	支持

你做得如何？有沒有什麼不確定的地方？我會這樣分類：

智識	情感
預訂	選擇
購買	恭喜
收費	協助
貨運	趕快
傳送	投資
註冊	加入
發票	認識
訂單	聲明
付款	快
選取	犒賞
送出	急速
助養	省下
訂閱	支持

這些字眼套用到行動呼籲後會是這樣的：

智識型行動呼籲：

立即預訂我們的課程。

立即購買這款 100% 羊絨長裙。

刷卡支付 298 英鎊。

貨運我的煞車片到……

把我的乳清蛋白寄送到……

立即註冊修讀我們的遠距教學課程。

立即寄發票給我。

訂單表格。

分四期付款。

從下方清單中選取最能迎合您需求的選項。

送出我的 EasySushi 套件。

立即助養兒童。

1 月 31 日前訂閱，省下 7.98 英鎊。

情感型行動呼籲

選擇生命。選擇 MazCo 深海魚油。

恭喜您！您已作出畢生最睿智的決定。幫助我們在馬勒杜拉維亞拯救生命。

趕快！我現在就要用 NiteSite laserscope ！

為你美好的未來作投資。

加入同僚的陣營，走在生物科技的最前端。

參加能源節，認識其他業界首腦。

立即聲明你會幫忙。

快！馬上把 NuKlear 海釣用餌送來給我。

買條真絲長裙犒賞自己。這是妳應得的獎勵。

急速把我的免費選股指南寄給我。我要快快變有錢！

省下一個月的租金：立即註冊加入 EZRental。

支持你當地的牧師。

我們太常看到那種像是由財務部、法務部或人力資源部所擬定的訂單表格、電子商務頁面或註冊表。我懷疑這是因為：這些都是最後才寫的東西（在網站、手冊、銷售活動或登錄頁上）。

在此給你一個建議。

試試這樣做：先寫你的行動呼籲文字。（我的意思是：做好必要規劃後，先做這個工作。）

現在，用盡你一切的情感力量，寫一則行動呼籲。你會如何說明你希望讀者擁有的感受？因為你們公司很有趣，很值得和你們做生意？你有自信他們能作出合理的決定？懷念單純、友善的美好時光？這是你第一次（和最後一次）喚起情感回應的機會。

要求下訂單的三個方法

只要將以下這三種情感，包含在你的呼籲裡，就可以作出行動呼籲。

> 就是現在！你聽好了，我現在就要！把手工刺繡安哥拉羊毛鍵盤拭布用急件寄來給我，否則後果自負。

> 我要為孩子的未來做好投資準備，而且沒有風險。請把免費的、非義務教育的指南傳送給我，好讓我省下一些孩子的學費。

> 沒錯！我記得過去我們時常坐著發呆。我要註冊參加「畫出美麗風景入門班」。

　　你有注意到這三段文字有什麼特別之處嗎？它們都是以顧客的角度撰寫，而非公司。這種風格讓讀者立即進入行動呼籲，並掌控局面。這一切談的都是他們，沒有談到錢或填寫表格，只談承諾。

　　你也可以在勾選方格旁邊加入值得信任的名人照片，也許是你的品牌代言人、現有顧客或常務董事。在照片下方加入圖說，用引號引述一些重點，例如顧客滿意、公司聲譽，或常務董事對經營事業的個人感受。

試試這樣做：加強承諾可帶給人的安心感，例如：退費保證、顧客推薦或試用期。

個案研究　《賽車運動》雜誌的訂閱傳單

　　「加入」是個情感詞彙，比「訂閱」更有力量。

　　退費保證是要克服未明言的目的：「萬一我改變心意，該怎麼辦？」

　　傳單下方所引用的史特靈・莫斯（Stirling Moss）爵士的推薦語，以權威人士來增強讀者的信心。

　　《賽車運動》（*Motor Sport*）雜誌於 1924 年開始發行。如您所見，許多知名的賽車手也訂閱了雜誌。這份拉頁的訂閱傳單的確是一次大型的行動呼籲。

　　我們提醒讀者，如果他們沒有訂閱，將會錯失哪些內容。我們納入了史特靈・莫斯爵士的推薦語，他是全球備受敬重的前賽車冠軍。我們也附上訂閱保證「聲明」，若訂閱者對雜誌不滿意，將退還收費。而且在傳單的上方有行動呼籲標題，並指向表格，再次呼籲讀者採取行動。

228

I started reading Motor Sport avidly in 1947 or thereabouts, and I haven't missed an issue since then, because It's an exceptionally good magazine, simple as that." *Sir Stirling Moss*

　　但最終，商業交易裡能投入情感的程度，也是有極限的。因此請思考：真正的汽車業務高手會如何處理這個情況。

　　你即將答應未來五年的每個月都要付費。但你不在乎，因為在屋子前就停著……那輛車，你已經為這個新夥伴取了個名字。（啊，還是我一廂情願？管他的。）

　　再怎麼說，不管你如何把焦點從車子轉移到承諾上，業務員也是非要你在合約上簽名不可。合約就是合約。但這一點也不難。他們會打開大門歡迎你走進屋內，然後引你走到桌子旁邊，用親切的笑容說出經典佳句：「現在我們就把這些文件處理一下，你就可以把它開走了。」（大大的微笑）

　　文件作業，與情感無關，而且也不應該與情感有關。它應屬於在情感與智識之間的元素。踩下踏板發動車子、讓車輪滾在道路上，以及在陳列中心聽了一堆刺耳的陳腔濫調前，這都是有點無聊的行政手續。因此，你就照著辦理、照著簽名了。

從理論到利潤

　　如果你不相信你賣的產品之價值，就很難寫出誠懇且可信的行動呼籲。因此，本書這個部分將往回走一步，好好探討一下你的產品或服務。對顧客來說，什麼才是真正的價值？它如何讓他們的生活變得輕鬆、更好或更簡單？一旦購買了產品，他們會有何感受？他們在社群媒體上會如何評論產品？

　　你一旦觀察到顧客心目中的產品價值，把它在心中潛移默化後，就能站穩立場，鼓勵他們向你買東西。下一個重點是針對英國讀者來說的：不要對產品的價格感覺尷尬，不要不敢開價。接著不妨審核一下你公司的行動呼籲。沒錯，所有的呼籲。把它們製表或做成

簡報內容，然後針對情感力量及行政效率，加以評價。如果你的產品能改變人們的生活，誰都會因為鼓勵他人買它而感到光榮。

專題討論

1 為什麼不應該在行動呼籲中使用「如果」二字？

2 可以在行動呼籲中訴之以情嗎？

3 什麼時候撰寫行動呼籲最好？

4 撰寫行動呼籲的最好方法是從顧客的角度著手。對或錯？

5 以下哪些字眼不是情感詞彙：

    a) 加入

    b) 聲明

    c) 購買

    d) 急速

    e) 恭喜

付諸行動

練習 39：我需要你買這個產品

用你的產品為範本，使用本章情感清單中的詞彙，寫六則行動呼籲。

練習 40：關於銷售的一場戲

撰寫一篇簡短的場景，當中業務員和顧客正在銷售／購買你的產品。要寫出自然流暢的對話，以及幻想兩個人心裡的感受。

練習 41：編織下訂單的天羅地網

重新檢視你的網站，找出每一則行動呼籲，如果內容缺乏情感吸引力，請重寫。

Tweet：How are you doing? Tweet me @Andy_Maslen

第三部

樂趣原則：
寓寫作於娛樂，
寫出收買人心的文案

12

平衡享樂與利潤：寫出絕佳文案的五大技巧

理解帶來的喜悅是最崇高的樂趣。

——達文西（Leonardo Da Vinci）

簡介

我大約每個月都會接到一位剛出道的文案寫手寫來的電子郵件。他們有些正在求職，希望得到求職方面的建議、或對他們的文案作品的建議，或該不該打消當文案寫手的念頭。這時我腦中都會浮現要當花瓶還是地板的扭曲隱喻。這位寫手很有才華，或至少算是有天分。我可以幻想人們會花錢看她的作品，而且看完還會笑得很開心。但很遺憾的是，對於她，以及對於我和你來說，沒有人會花錢看我們的作品。事實上，很多人也許會為了不看我們的作品而付費。她錯在把享樂當作終極的文案寫作目標，而不是達到目的之手段。就像許多滿懷抱負的文案寫手一樣，她將自己對文字遊戲的熱愛，投射到文案寫作的雙關語、押韻和黑色幽默上。

現在她可能是對的；也許大家就是喜歡這些。但是，情緒反應和商業反應之間其實有著天壤之別。我希望人們對我的文案產生情

235

緒反應，不是因為我是什麼心理治療師，而是因為我相信一點：如果他們對購買的感覺不錯，他們很可能就會買單。我算是憤世嫉俗嗎？不，我是個文案寫手。客戶僱用我或我的公司是要去幫助他們解決商業問題的，其中最常見的問題是：「我們需要賣出更多東西」。然而⋯⋯

我認為只要文案具有明確商業目的和讀起來賞心悅目，對讀者來說是無傷大雅的。我只是不認同把閱讀樂趣等同於最終目標，也不認同追求樂趣或炫耀的態度。我永遠不會忘記文案寫作應該是無形的存在。所以，你如何同時無形而又充滿樂趣呢？答案是：創造一個環境，讓讀者在不知不覺中接觸到銷售訊息，因為你所呈現的語言不會讓讀者反感。有點像夏天時在地中海游泳的感覺：那海水是如此的宜人，即使你不知道海水已碰觸到你的皮膚。

*

文案寫手的功力發展到某個階段總是會問：「接下來要幹嘛？」你知道要如何從效益帶出功能。為讀者寫作是你的第二天性，因此你永遠不會問一個讀者會回答「不」的問題。然後呢？

你可以做一件事：思考如何讓寫作內容更賞心悅目。對文案寫手來說，這麼說聽起來可能有點奇怪：你剛剛不是說文案應該是無形的存在嗎？

我們不是應該要畫一幅讓人心盪神馳的畫，讓現實世界隨風消逝，只剩下「與產品過著美好生活的未來」嗎？好。就假設這一切都發生了好了。

下一步就是讓閱讀本身變得樂趣無窮。即使是教育程度最低的讀者，閱讀也可以是，也應該是愉快的。正如作者中的作者山姆・約翰遜（Samuel Johnson）所說：「沒有用心寫出來的東西，通常不會帶來閱讀的樂趣。」

但實際上這是什麼意思？我們應該怎麼做呢？

壞文案：⋯⋯當 ReQualtic 這家中立而公正的金融服務研究機構最近考察針對 50 歲以上顧客的壽險部門時，我們在此領域的表現毫無意外地獲得其五星級最高評價。

好文案：又到週末了！你過得還好吧？很成功，還是壓力很大？我們過了美好的一週（感謝你問我），而且依舊搜刮到一些很酷的網上趣聞要與你分享。（摘錄自約爾・奇維安尼〔Jo Ciriani〕所寫的電子報）

如何讓你的文案很好讀

影響閱讀體驗的五個寫作元素是：

1 節奏；

2 步調；

3 音樂性；

4 意象；

5 驚喜。

以下是文案使用這些元素的方法。

有節奏感的文案

我們都擅於發現和回應周遭的各種模式。語言模式之所以令人著迷，是因為它結合了兩件事：人們想要找出模式的本能欲望，以及想法上的交流。

如果你曾經讀過或寫過詩，就會知道節奏的其中一個元素是韻律（metre）。什麼是韻律？

就是語言的抑揚頓挫。

這就是為什麼「Truth, justice and the American way（真理、正義與美國生活方式）」比「The American way, truth and justice（美國生活方式、真理與正義）」讀起來更令人愉快的原因。

也就是為什麼「As a delegate, you'll meet your peers, share your thoughts and learn from those at the top of their game（身為代表，你會與同儕見面，分享你的想法，並向表現出眾者學習）」會比「As a delegate, you'll meet your fellow copywriters, share thoughts and learn from top writers（身為代表，你會與同行的文案寫手見面，分享想法，並向頂尖文案寫手學習）」聽起來或看起來更舒服。

帶動文案（及你的讀者）的步調

你的助教、導師或討厭的老闆一定常常在你打字和大聲朗讀時靠向你的鍵盤說：「你知道要寫簡短的句子，對吧？」他們說得有道理，但前提是他們應該加上「通常」這兩個字。

假如你完全用短句寫文案，就會產生一些怪現象。

這些句子會坍塌。

它們變得太短。

每句話都是一顆從路障後發射出來的飛彈，目標對準讀者。

它們富有衝擊力。肯定有。

就像半塊磚頭一樣。

它們絕不放棄，一塊接著一塊飛來。

磚頭在空中飛舞、瓶子也砸了。

令人壓力好大，精疲力盡。

最後，排山倒海的文字、句子和段落吵著要人聽到，卻引起反效果，令人想掙脫、忽略、拒絕，因為實在玩過頭了。

試試這樣做：大聲朗讀你的文案，聆聽節奏、步調和語氣。如果你聽得到這些，就可以作出評斷。必要時可以修改。

步調是指讓讀者稍作休息，讓他們在跳躍的快舞之間優雅地彎腰轉身。

好文案：什麼是最好的蔬果？完美？最高品質？

全天然的食品會對品味妥協嗎？當然不會！（來自波蘭 Hortex 網站）

感受文案的音樂性

還記得我們剛才談論模式的問題嗎？

音樂性完全跟模式有關。這次不是關於節奏或節拍，而是聲音。頭韻（alliteration）是寫作中的簡單音樂模式。只要處理得好，它絕不會失敗。

你可能寫：「如果市場上有更柔軟的坐墊，我們會很意外」（If there's a softer seat on the market we'd be surprised）。雖然不像「六便士之歌」（Sing a Song of Sixpence）那麼明顯，但音樂性確實存在，讀起來很愉快。

好文案：全新頭等艙座位是您的私人空中避難所（The new First Class seat is your private and exclusive sanctuary in the sky）。（來自新加坡航空網站）

押韻在文案寫作上可行嗎？當然這很難回答。「直接」押韻，例如「我墜入情網，如同手戴上了手套」（I'm so much in love, like a hand in a glove），會令人太過注意押韻本身，語言模式就模糊掉了，

而不是和意義相輔相成。

但是，如果你在內在的元音（vowel）上押韻——這技巧叫做「關聯」（assonance）——你將可以依自己的喜好，創作令人難忘的內容。當撰寫口號和標語而非內文時，它的效果非常好。

比方說：

豆子就找韓斯（Beanz Meanz Heinz）

吉列刀片：男人的刮鬍刀（Gillette: the best a man can get）

天生好手：捷豹（Born to perform: Jaguar）

個案研究　Addcent Consulting 的首頁

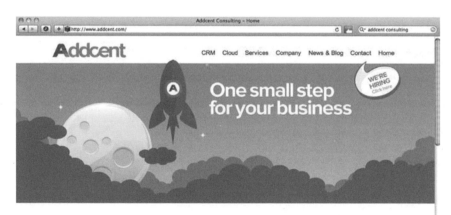

這個標題直接與讀者對話，使用「your」。雖然它是引用著名演說的一部分，但故意用未完成句子，鼓勵讀者繼續閱讀。

除了標題以外，我們運用傳統的銷售話術，文案裡的每一行都充斥著產品效益。

Addcent 是瑞典的顧客關係管理（CRM）顧問公司，使用以雲端為基礎的運算系統為顧客服務。他們想要用「太空」為主題，替官網做個引人矚目的廣告標語和簡介。

共鳴（resonance）是一種借用著名故事、片語或名字帶來情緒衝擊的技巧。在這裡我們用的是尼爾‧阿姆斯壯（Neil Armstrong）登陸月球時的名言。

文案中的感官意象

令讀者投入感情，讓他們更快買單的一個最好方法，就是利用語言的力量來創造視覺的、或其他感官的意象。

比較以下兩段旅遊手冊的文案：

壞文案：幾百年來，清澈的愛奧尼亞海為疲憊的旅客帶來解脫和平靜。

現在輪到您來體驗，西西里島的陶爾米納（Taomina）令人驚艷的美景，使它成為自西元 2 世紀以來最受歡迎的度假勝地。

評語：正式用語。枯燥乏味。智識訴求。

好文案：把腳浸入水中，再輕輕踩踏。

準備擁抱驚喜吧。第一：海水是溫暖的。第二：海水清澈見底，彷彿伸手就可摸到 10 英尺以下岩石上的海膽。歡迎光臨西西里島。

歡迎光臨陶爾米納。

　評語：非正式用語。視覺豐富。情感訴求。

　你也不一定要局限於視覺語言。還有其他感官是你可以盡情發揮的。可利用以下方法達成目的。

　直接法：如果你的產品能刺激感官，就要把它描述出來。主題樂園全新的雲霄飛車讓你魂飛魄散。就這樣形容！新餐廳每天早晨烘焙麵包，為所有吃午餐的客人營造懷舊的出爐麵包滋味。就這樣形容！或者是：你的新工業塗料光滑如同嬰兒的小屁股。不要這樣寫，這是陳腔濫調！

　間接法：在神經語言程式學（NLP）的圈內流行一種假設，認為每個人都是利用其偏好的「感覺模式」在進行溝通的。支持者聲稱，有 X％的人是以視覺為主、Y％以聽覺，以及 Z％以動覺（身體運動或活動的感覺）為主。依照這個假設，你可以這樣來建構文案：一開始先使用視覺語言—「你看懂我的意思嗎？」—然後轉向聽覺語言—「如果這聽起來不像是真的，請繼續讀下去」—在導入肢體性言詞之前—「把握機會，不然為時已晚」。其實我在聽說 NLP 之前早就已經這樣做了，但還是很高興知道原來背後是有科學根據的。

關鍵心得：記住，你的潛在客戶很清楚自己是在閱讀廣告、垃圾郵件，或行銷話語。她懷疑、多慮，而且可能覺得很無聊。

讓你的潛在客戶驚訝，並繼續閱讀

　感性的文案寫作過程其中一環是：管理潛在客戶的注意力水平。當潛在客戶閱讀篇幅較長的文案（但依照經驗，它轉換為訂單的機率較高），很有可能失去興趣，略過那些你精心設計的內容。快！

你必須說一些吸引人注意或驚訝的話。其中一種高風險做法就是使用不良語言。其好處是一定會重新吸引潛在客戶的注意力。壞處則是可能會趕走可能付錢的人。這種方法可能會在類似部落格文章等高度個人化的溝通模式中行得通。或是，當你面對的是聰明絕頂、充滿街頭智慧的讀者——也就是說，嗯，大概不超過25歲——那也行得通。

也可以利用很震撼的圖像或片語。資深且直率的文案寫手尤金·施瓦茨（Eugene Schwartz）所寫的一個可愛標題，總是讓我笑不攏嘴。

> 性食物威力無窮，牧師禁止食用

也許可以用強而有力的圖像，長驅直入大腦的邊緣系統，讓人無法招架：

> 我們的目標是讓這個活動像你的初吻一樣刻骨銘心。

（這是我寫的）

重複強調你的重點

這個簡單技巧可以強化重點，而不會令讀者反感。連環快速地說同一件事，就能創造出一種模式；而我們都知道人類的大腦會主動尋找模式。有模式就比較容易被記住，因為它們有秩序。秩序就代表重要性；而重要性代表利益。或許你會找到好吃的東西。或許你找不到其他人覺得好吃的東西。也許你會找到一個伴侶。（我不

是說現在，而是從演化的角度來看。）以下是兩個例子：

> 不要問你的國家能為你做什麼。問你自己能為國家做什麼。（約翰‧甘迺迪〔John Kennedy〕就職演說，1961 年 1 月）

> 在我之前，這個國家有很多人付出了代價；在我之後，也有許多人要付出代價。（Copyright © 2010，尼爾森‧曼德拉〔Nelson R. Mandela〕和尼爾森‧曼德拉基金會〔The Nelson Mandela Foundation〕）

兩個比較日常的例子：

> 你是文案寫手嗎？
> 你是一位會到處走訪的文案寫手嗎？
> 你是一位有動力、膽量和野心的文案寫手嗎？
> 是？那麼你一定會很喜歡我為你準備的一切。

> 召喚所有的工程師。
> 我們認為工程師都是傑出的。
> 我們想僱用更多工程師。

不知道為什麼，以三個句子為一組的重複組合，效果非常好。修辭學家稱之為三合一（triad）。如果你想在蛋糕上加糖霜、讓最後一刻峰迴路轉，就要顛倒部分或全部語法，讓讀者在繼續閱讀時有

意外收穫。像這樣：

> 策略不只是一堆戰術。
>
> 策略不只是一些花俏的規劃用語。
>
> 策略是制訂決策的規則。

好文案：製造最安全、最環保、最節能的好車，讓使用者對吉利（Geely）汽車感到滿意、也讓吉利經銷商對行銷活動感到愉快。（中國的吉利網站）

　　但當你一再重複使用花俏的文字時，讀者會分心，最後根本完全不會注意你。像這樣：

> 這是抓住亞太地區市場占有率的策略機會。我們的策略目標總是包括要抓緊機會，沒有這些機會，在策略上就難以前進。

　　如果有人繼續閱讀，那就只是為了尋找、指出和嘲笑這些爛文案，甚至在 Twitter 上發表更多爛文案例子。你會失去一位讀者，而得到一位校對者。至於主題的話……

7 個文案陷阱，以及如何避免

　　有時候，最好的作者會變成最差的文案寫手。他們對語言的能力會變成問題。為什麼？因為他們太容易愛上文字帶來的樂趣。任何句子添加了有趣的隱喻都會變得更好；標題除非內含雙關語，否則效果會大打折扣；呼籲行動的標題如果不能巧妙地挑動讀者的幽默感，就難以鼓勵行動。我的問題始終是：這樣能讓你更有機會做成生意

嗎？

　　話雖如此，差勁的作者也沒有比文案寫手好到哪裡去。他們缺乏操控語言的技巧，只會在泥濘中踢球。陳腔濫調、術語和過時的片語都是他們的技倆。

　　這兩種人都會被踢出高階文案寫作領域，因為他們根本沒有試著跟顧客產生情感上的聯繫。優秀的作者太忙於取悅自己而沒有時間去考慮顧客。差勁的作者根本給不了自己或顧客什麼東西。但你不一樣。因此，我想給你一張地圖，它可以幫助你避開技巧太過或不及的文案寫手（我敢肯定你兩者都不是）會遇到的最壞陷阱。我們會檢視：一旦你忘記優秀文案寫作的基本規則時會產生什麼問題。要把讀者放在寫作的核心，因為它的作用比它是什麼更重要。你是在這裡賣東西，因此你說什麼比你怎麼說更重要。同時，我們會利用基本的診斷測試來進行快速檢核，以確保寫作沒有違反規則。

　　我認為是時候重提一句老文案口頭禪：「不是關乎你想說什麼，而是讀者想聽什麼。」這會讓我們的工作變得非常容易，因為讀者只想聽到：「我有辦法解決你的問題」。這算簡單嗎？也許。但我們不是小說家、詩人或記者（儘管我們可能會借用一些他們的方法），所以，我們的讀者並不是在尋找娛樂或新聞。

關鍵心得：把寫作視為窗口。你希望讀者看到風景，而不是玻璃。

　　讀者也很沒有耐心，會很自然地對拙劣的措辭、基本錯誤和自以為是的寫作方式不屑一顧。你必須考慮到這一點，並確保他們是從窗戶看風景，而不是看玻璃上的污跡。以下是一些必須避開的陷阱。

陷阱 1：專注於它的作用而不是它為何重要

　　產品文案經常把重點放在它的使用方式、功能或組成內容。

我們必須把這些全部忘掉，而將注意力集中在它為什麼對讀者如此重要。例如，如果有一套昂貴的音響系統像一本精裝書那樣小，那麼它對於居住在客廳寬敞的大宅主人還那麼重要嗎？如果你認為我是要再次提醒你，效益比功能更重要，你就對了。

要經常使用「那又怎樣？」（so what?）來測試你的文案是否強調了效益。簡而言之，如果你聽到潛在客戶說：「那又怎樣？」就表示你還沒有寫出產品效益。你會說書本大小的音響系統的好處是什麼呢？

陷阱 2：懶惰

當時間緊迫，我們很容易就會採用一些拙劣的想法，只因為這樣比較快。

你往往會在主標題看到這種情況：粗暴的使用沒水準的雙關語，只因為它與圖片很搭配。如果你沒有時間寫新鮮的內容，也要設法騰出時間，去做點別的事情，直到你有新鮮的想法為止。把文案發送給客戶、開發人員、設計師或郵遞中心無疑令人很欣慰，因為你的工作清單上少了一件事。但是，除非這是你的最終目標，否則最好等一等。

陷阱 3：令讀者困惑

不論你的寫作對象是誰，絕對沒有理由使用不必要的複雜語言。

記住，只要你是在寫文案（也就是廣告），讀者就不太會花精神去解讀內容。一旦令他們困惑，你就失去他們。你的讀者是執行長、工程師或是大學講師嗎？管他的！他們都懂白話文吧，不是嗎？雖然他們可能會用複雜的語言，但他們的目的可能跟你不一樣。他們可能是在尋求社交、知識或政治優勢，而你則是想賣東西給陌生人。

　　我不主張只用單音節的字詞來寫文案。如果產品是涉及簡化的衍生性產品交易，最好是直接說出來。但如果是要說：「一夜好眠」，我無論如何都會直接說，而不會稱它為：「經科學證明的睡眠解決方案」。

陷阱 4：想要娛樂別人

　　你應該停止嘗試各種幽默的方式：雙關語、文字遊戲、冷「笑話」。

　　一方面是因為幽默不會自行散播流傳，另一方面是：即使它會散播，我們也不希望讀者大笑，只希望他們刷卡買東西。有例外狀況嗎？對於社群媒體和部落客來說，它很可能會成功。但你所發揮的影響力只會流於表面。你可以透過非凡的幽默感吸引成千上萬的關注者，但如果這是他們追隨你的原因，那麼他們可能不太願意跟著你踏上最終要付錢的旅程。

關鍵心得：讓讀者分心就要冒失去業績的風險。記住，你是要成交而不是提供娛樂。

陷阱 5：沒有檢查錯誤

　　很晚了。文案寫手只想回家。他們在螢幕上粗略瀏覽一下草稿，就傳送給老闆／客戶核准。或更糟糕的是，他們將它傳送出去，給了客戶，錯漏百出。哎呀。這個……

　　這與第二個陷阱有密切關係。檢查你的作品並不是額外的工作，而是寫作過程不可或缺的一部分。你那充滿了故事的動人細節、對話和微妙的說服力，卻可能斷送在錯誤的標點符號上。你還會發現本來忙碌的顧客突然間不但有足夠時間從剩餘的文案中挑出錯誤，

還會將這些錯誤全部發布到 Twitter。

陷阱 6：炫耀

　　儘管聲稱自己很忙，許多文案寫手還是會花很多時間在鑽研標題。但是，在維基百科裡面找來找去，並不會改變你的商品；把商品跟你想像中的精美文案相結合，也一樣不會改變。「正如著名的 18 世紀文字學家約翰遜博士（Dr. Johnson）可能會說，如果他今天瀏覽了我們的網站的話⋯⋯」

　　想像一下一個熟悉的場景。文案寫手塔蒂亞娜正在撰寫公司手冊、網站或新聞稿，並在眼前閃過一些看似誘人的措辭。這是一個暗喻，不，應該是一個明喻還是俗語⋯⋯也許是個警句。實際上，她不知道，但是她肯定會把它用在下一個句子裡。

　　她寫道：「舒適的退休生活就是俗稱的懸在我們面前的紅蘿蔔。」（The prospect of a comfortable retirement is the proverbial carrot dangling in front of us.）

　　她犯了一個常見的錯誤：她假設任何修辭法都是「俗稱」的一部分。實際上，只有源自俗稱的措辭才是俗稱。因此，人們可能會這樣說，來表示原諒你：「這就像是馬兒狂奔出去之後才關上俗稱的馬房大門。」這樣寫依然很笨拙，但至少是準確的。

　　文案寫手應該這樣寫：「舒適的退休生活好比是懸在我們面前的紅蘿蔔。」但是考慮到讀者知道這是個暗喻（除非他們特別迷糊），這樣寫會更好：「舒適的退休生活，就是懸在我們面前的紅蘿蔔」。

　　出於同樣的原因，我們應避免使用「真的」（literally）這個字眼。部分原因是，它經常被誤用，變成是完全相反的意思。例如：「我是真的在流血」。或者因為它本身是多餘的：「Acme Widget 真的很獨特」。

這種寫作焦慮症的另一個例子是：將「有趣」的字詞或片語用引號框起來。例如：

《起身發言》（*On Your Hind Legs*）是演講撰稿人的「聖典」。
（言下之意：它不是演講撰稿人的聖典。我們只是希望它是。）

《起身發言》（*On Your Hind Legs*）是演講撰稿人的聖典。（言下之意：它對演講撰稿人的重要性，就如同聖經對天主教徒一樣。）

讓讀者注意到你使用修辭法絕對不是一件好事。它必須強大得能自成一格，不然就別用它，再想其他更好的。

陷阱 7：為錯誤的讀者寫作

老實說，有時候這是無可避免的。你可能會為三種錯誤的讀者寫作：你的老闆、你自己或你的同事。當你的老闆（或客戶）總是不肯確認你寫的文案，直到他們覺得你所寫的符合他們的想法，結果你只能一味地迎合他們。否則，你就要有強健的胃，甚至要有充裕的銀行存款。

如果你是為自己而寫，當中沿用你喜歡用的字詞或片語，但這通常都是錯誤的做法。你的讀者對這些話會有什麼想法或感覺？他們會更有可能購買嗎？這才是最重要的。

你公司可能會很重視某些同事的意見，也就是說：他們也許會強調你的文案是否符合公司的要求。但你不能妥協。文案是為顧客而寫的。

從理論到利潤

如同書中的其他章節，本章具有普遍的適用性。無論你是在重工業公司，或時尚服裝品牌公司工作，它都同樣適用。只要你聽從我的建議，不要把寫作當成享樂，那麼每位讀者都能體會到樂趣無窮的閱讀過程。

至少，你必須確定文案讀起來都很輕鬆。對，我要說的還是：句子的長度。一般句子保持在 10 到 16 個英文字之間，就不會令人對內容感到困惑。對於一些技術規格、產品說明和法律事項，你可能需要把文字內容寫得更有趣。至於那些你要顧客面對的內容，當然還包括一些預購文案，則應盡量為文案注入個性和內涵。記住，這些技術及本書所提到的其他技巧，同樣適用於非銷售性的溝通過程。

最後，你如何依據這七個陷阱評價自己的寫作？也許你應該將一些最近的作品帶回家，並在遠離辦公室的地方平靜地讀一下。（如果是在家裡寫的，就把作品帶去公司，在遠離個人庇護之處快速閱讀。）身為優秀、甚至是出色的寫手，你偶爾也會流於輕率，或不小心陷入語言學頭腦體操的囹圄。如果你是在時間壓力下完成寫作，可能會看到幾個段落會讓自己捏把冷汗。不用擔心！我們都做過這種事。我有一次曾經迫不得已必須在課堂上羞愧地承認，如果我是讀者，我會對自己寫的文案感到困惑。不用擔心，我已經全部修改過。重點是：你現在知道該注意些什麼事，並隨時保持警惕。

專題討論

1 何謂韻律？

　　a) 每個句子的平均字數

b) 文案的整體長度

c) 文案的節奏

2 何謂頭韻？

a) 兩個或以上的字詞以相同的字母開始

b) 運用暗喻或明喻

c) 運用文學參考資料，例如：莎士比亞

3 你應該將每個句子限制在五到八個英文字之間。對或錯？

4 暗喻（metaphor）和明喻（simile）都是視覺語言的形式。對或錯？

5 哪個由三個字母組成的字會令讀者精神一振？

a) And（和）

b) You（你）

c) Sex（性）

6 意外的重複為何是壞事？

7 理想的重複組合是幾次？

8 重複只對完整的片語有用。對或錯？

9 當你故意重複內容時，讀者會察覺到什麼？

a) 你已經不知道要說什麼

b) 一種模式

c) 寫作內容的音樂感

10 誰最早在論述中故意運用重複這種方法？

a) 古代怪人

b) 古代北京狗

c) 古希臘人

11 在修辭法周圍加上引號，例如「雙刃劍」，這樣做有什麼問題？

12 刪除那些讓我們愉快的文字，可以用什麼片語來形容？

    a) 謀殺你的情人

    b) 綁架你的小孩

    c) 毆打你的好朋友

13 何時適合在文案中運用幽默？

    a) 當你不需要銷售

    b) 想用就用

    c) 想讓讀者大笑

14 你只應該為唯一一個人寫作，這個人是誰？

15 「We're putting the cart before the proverbial horse」（我們把馬車放在俗稱的馬前面；我們是俗稱的本末倒置了）這樣說沒問題。對或錯？

付諸行動

練習 42：享受下標題的樂趣

就本章介紹的五種誘發閱讀樂趣的技巧，選擇其一用於你的標題、主題列或其他短文案。

練習 43：我感覺到你有興趣

嘗試寫一段短文案，以現在式描述使用或體驗產品的感覺。要運用至少兩種不同形式的感官語言，例如：視覺和動覺。

練習 44：滿分是十分

拿一份你最近寫的文案，並分析當中是否用到本章所介紹的五種閱讀樂趣技巧：節奏、步調、音樂性、意象和驚喜。以 10 分為滿

分替每一項目評分。如果任何一項的得分低於7，可以試著重寫看看。

練習 45：跟著我重複做

運用重複的技巧——以三個為一組並使用以下字詞：

- 顧客；
- 快樂；
- 創新。

嘗試改變每個句子的風格，如同我在本章中的做法。

練習 46：重複開頭

運用重複的方式，為你最暢銷的產品撰寫廣告的開頭。重複的重點要擺在你的產品效益。

練習 47：標題也重複看看

也運用重複的方法來撰寫你的廣告標題。它不一定要是三合一（triad），也不必不斷重複一個單字。你可以用語音或首字母來發揮。

練習 48：你發誓會說出真相嗎？

為一家虛構的律師事務所重寫以下文案，刪除所有不好之處，並改成更好的文案。

麥斯蘭和凱利（Malsen and Kelly）：我們要加倍努力

在麥斯蘭和凱利，我們堅信經營律師事務所就像參加馬拉松比賽，沒有理由在 25 英里之處停下腳步。因此，我們會確保跑完 26 英里。我們的團隊有 7 位合夥人、5 位準合夥人和 5 位律師助理。我們擁有超過 68 年的豐富經驗，服務領域涵蓋各類法律事務，從家庭法到訴訟、產權轉讓到遺囑認證。有別於查爾斯·狄更斯（Charles Dickens）

1853 年著名的小說〈荒涼的房子〉（Bleak House）中的虛構律師事務所 Jarndyce & Jarndyce，我們不會僅為爭取額外收費而延宕法律案件。我們的目標永遠是確保為顧客取得最佳法律結果。實際上，這種方法最能符合你，也就是我們的客戶的利益。有人可能會質疑，法律訴訟也許所費不貲且壓力沉重。來找我們做一個非正式、免責的交談，然後再決定吧！

練習 49：你的得分是……

拿一份你最近寫的文案，並針對我們的七個陷阱中的每一項進行評分。10 分為滿分。如果你避開了某個陷阱，請給自己 0 分。如果你是一頭栽進去，給自己打個 10 分。將所有七個陷阱的得分加起來。如果你的得分不超過 21 分，那就太好了：你只需要稍稍努力去除那些失誤就可以。22 ～ 42 分，還可以，但是你必須多花點時間去編輯或寫初稿。43 分或以上，嗯，我要為你的誠實鼓掌，現在你應該將一部分直率，運用到改進計畫上。好好學習本書的內容，我相信你的分數很快就會降到 14 分以下。

練習 50：讓我大笑吧！

我要你寫些好笑的東西，要非常好笑。為什麼？首先，因為到了本書的這個時刻，我認為你應該好好找一點樂趣。其次，因為它的確是一項非常值得擁有的技巧。在你的職業生涯中，你可能沒多少機會使用它，但是當你哪天用到它時，天呀！你要怎麼知道自己成功了呢？將它發給我，如果我笑了，我會發微笑、大笑 LOL 或捧腹大笑 ROFL（Rolling On the Floor Laughing）的圖示給你。你也可以找一位朋友讀一下，看看他們怎麼說。

Tweet：How are you doing? Tweet me @Andy_Maslen

13
如何發揮想像力，釋放創意

我看到一位天使被困在大理石裡，我不停地雕刻，直到使它自由。
—— 米開朗基羅（Michelangelo）

簡介

身為文案寫手，我們都期望能夠在：a）必要時，以及 b）不離開辦公桌的情況下，提出富創意的概念，以及可表達創意的文字。讓我問你幾個問題。你最近一次醞釀出精彩絕倫的想法是在什麼時候？不僅僅是文案，可以是任何事。你是在哪裡生出這想法的？在辦公桌前嗎？你是什麼時候生出想法的？在上班的時候嗎？不，我認為不是。日常的例行生活在某方面會影響創意思維。也許是：啊，我不知道，因為這就是我的例行生活。本章說明我的創作過程，幫助你發現最適合你的做法。

誠實地來說，有許多文案工作是不必費盡心思在鍵盤上嘔心瀝血就可以完成，並且賺到錢的。只需要改些名稱或新增功能就可複製的專案，其實不需要排山倒海的創意就能完成，只需重複運用上次行得通的方法即可。

但是，也有一些寫作專案，就像某大媒體公司的一位資深主管曾要求我為她寫的信，要能達成「讓人耳目一新的讚嘆效果」。

對這些工作，你必須提出實際的成品。而且根據我的經驗，它們不可能在標記著「可用的東西在此」的抽屜中找到、在標記著「範本」的箱子內找到，或在你桌子底下的架子裡塞滿一堆「日常點子」。

我們可以在哪裡找到它們呢？我認為答案是：我們的潛意識。我不是說那些類似神祕、怪異、恢復記憶綜合症之類的東西。只是說我們任何想法都必須來自自己的內心。如果我們無法從有意識的思想中立即找到它，它必然是埋藏在表面之下：潛意識。當然，這引出另一個問題：真正好的想法一開始是怎樣到達我們大腦的呢？

＊

問題一：想法一開始是怎麼進入「那裡」？

每當我讀到雜誌上的「我讀了什麼」專題時，當受訪者說只閱讀傳記和非小說類作品，因為「小說不真實」，我心就會一沉。他們切割了世界上最豐富的思想泉源。

小說家和文案寫手都在玩弄同樣的沙盒：人類的行為。具體來說，是人類的情感。因此，無論受訪的名人閱讀事實或小說都沒有關係。我們都應該看小說。

得到絕佳想法的其中一個過程是：先把它們累積起來。就我記憶所及，我一直對書籍懷抱著狂熱。事實上，不僅是書籍，還有雜誌、報紙、漫畫、廣告海報、卡通、食品包裝、公共場所標誌，任何帶有文字的東西，我一律照單全收。但是貪食而不運動，只會導致肥胖。要有自己的想法，你必須燃燒卡路里，而不僅僅是攝取。

我認為最好的想法是來自連接所有現有的想法。也許你將兩份文學參考文獻結合，進而創造新內容。或更上一層樓的是：將文學與流行文化參考資料結合後，再推陳出新。

我一生都喜歡創造雙關語。我家裡（我猜應該很多家庭也是），都會把這種特殊的幽默形式稱為「老爸笑話」（Dad jokes）。它們的爆笑率極低：也許只有千分之一。但是，天呀，碰到讓全家人捧腹大笑的笑話，你就千萬不能錯過。

那種發誓要引人發笑的意志（或渴求的動力），意味著我會不斷嘗試和玩弄語言，看看我可以讓它發揮到什麼地步。我不害羞、不害怕、不覺得尷尬（雖然我應該要有這些感覺）。我就是去做。

這個過程有一個重要元素：除非我已經大聲說出來，否則我不會去評斷它。好吧，當我在腦海中演練時我的確是會評斷它，但是我依然會說出來，因為你永遠不知道聽眾其實可能比你更喜歡它。

問題二：我們如何將想法「從那裡拿出來」？

如何得到傑出的創意是整個科學界和社會學致力的重要課題，不建議在此詳細說明（部分原因是我沒資格這麼做）。但根據自己的經驗，以下三點會有幫助：

1. 改變地點

我很少坐在辦公桌前得出最佳想法。我很幸運住在英國景色優美、綠草如茵的鄉郊地區。我也有一隻非常可愛的惠比特犬，牠叫梅林。我每天都和牠去散步。我們特別喜歡走訪穿越草地的小河，上面有一座小石橋、岸邊有一片可坐下來休息的草地。我曾在那裡想到很偉大的創意。那是我思考的地方。你可以在哪裡釋放自己的創意呢？

2. 改變時間

我的正常工作時間是上午 9 時至下午 5 時左右，就像很多人一

樣，加減一小時。但我偶爾會在清晨 5、6 時醒來，然後無法入睡。於是我起床上班。我可以在書房聽到鳥叫，但除此以外，一片寧靜。那時候我的頭腦會變得異常清晰，覺得比白天更能找到全新、更有趣，甚至是更好的表達方法。

3. 改變素材

我大部分文案都是用鍵盤寫成的。但有時候，尤其是當我要寫直銷信件或長篇電子郵件／網頁時，我會換成使用以前的工具。我用鋼筆。（對於任何一出生就是數位原住民的人來說，鋼筆是纖巧的手提無線印表機，它使用液態碳粉，無需鍵盤即可在紙上重現你的想法。）

圖 13.1　每位作家都需要一個思考的地方

作者的惠比特犬梅林，正在思索網頁開頭的最佳寫法。

如果我說，你必須要這樣子工作，你會不會覺得很無聊？也許會，但就是如此。毫無疑問，外面有好些無拘無束的人擁有無比的天賦才華，而靈感的泉源就像是青鳥停駐在白雪公主伸出的手指一樣。但對我來說，努力工作會有幫助。

「努力工作」是什麼意思？你放心，我的意思不是坐在那裡用痛苦絕望的眼神盯著空白的螢幕或白紙。我的意思是我要做好準備。以下是我會做的一些可提高成功機率的事。（因為，誰知道，也許白雪公主有麵包屑，於是小鳥就拉扯她的袖子。）

操場測試

我會確定已徹底了解要賣的產品，而且要徹底到可以站在孩子學校的操場上，向碰到的每個人講解，直到他們完全明白。如果我做不到，就不會開始寫作。我會回頭找客戶，問他們一連串尖銳的問題，直到完全了解為止（有人覺得這樣做很蠢，但我不在乎）。

使用者測試

接著我會設法拿到產品並親自體驗。這不是經常能做到的事，尤其是如果你促銷的是軍用硬體、名貴手錶或價值百萬英磅的軟體安裝計畫，不過還是值得一試。

「我知道自己在說什麼嗎？」測試

我們都希望能想出天下無敵的文案，但首先我們最好要知道，自己能清楚且簡潔地說出商業目的。我會試著只用幾句話就總結我的業務推銷。某位好友曾經帶過英軍軍團，我問他工作的內容，他回答：「我們炸毀敵人的東西，並設法阻止他們炸毀我們的東西。」我認為他說得再好不過了。

規劃測試

好吧，這不太算是一個測試，但我現在已陷入「測試」的主題裡。那就把它稱為「我有計畫嗎？」測試。我在第一本書《超好賣的文案銷售術》（*Write to Sell*）中曾詳述規劃文案的流程，因此不打算在此複述。我只說明一些基本要素。

我擬訂**書面計畫**。我不相信能聰明到可以記住全盤計畫同時又能寫文案。

我用**速記**的方式撰寫計畫。對於理應自由、流暢的過程來說，電腦編寫的模式過於完美。

我以商業目標為出發點。沒有什麼比達成客戶要求還來得重要。博得讀者的笑容、得獎，這些統統都不重要。

下載：我常常用自己的計畫記憶法，也就是 KFC。 什麼是我想讓讀者「知道」（Know）、「感受」（Feel）和「投入」（Commit）的呢？下載 KFC 規劃範本（KFC planning template）。

我總是騰出**足夠的時間進行規劃**。所花的時間約占整個專案總投入時間的四分之一。

我寫過的其中一則最出色的文案是一個主題列。主題是某個會議。之前我曾寫過相關內容，但由於它非常適合本部分，因此我再次回顧它的創作過程。

個案研究　Euromoney 的電子郵件活動

　　該主題列有 44 個英文字母，剛好超過 40 個字母的上限（這是業界廣泛認為最佳的字數規範）。但是公司名稱和聳動的用語「十億美元寶貝」（Billion Dollar Baby）都剛好在該行的可掃描範圍內。

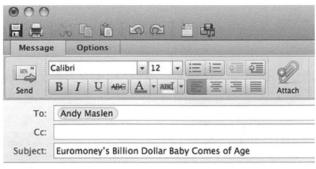

Dear Andy,

　　這個會議稱為「航空金融」（Airfinance）。它將在紐約舉行，舉辦至當年已邁入第 21 個年頭。

　　在與行銷經理和《航空金融雜誌》（*AirFinance*）編輯的會議中，我發掘了迷人的事實：在紐約召開會議的 20 年間，已經達成了約 10 億美元的交易。在這一點上，我本來可以寫得一本正經：

> 如今會議邁向第 21 年，催生了價值 10 億美元的航空金融交易

　　而且效果應該還可以。

　　但是那一年，希拉蕊・史旺克（Hilary Swank）因電影《登峰造擊》（*Million Dollar Baby*）而奪得奧斯卡最佳女主角獎。

　　突然間，我靈機一動：

> Euromoney 的十億美元寶貝的時代來臨了

以下是行銷經理傑森‧科爾斯（Jason Coles）的一封電子郵件：

> 你真的點醒了我們！我們試過且測試過的所有標題，居然被你的「十億美元寶貝」主題列徹底打敗了。我們的開啟和點擊率突飛猛進，在播放的數小時內註冊戶直線上升。幹得好。接著要著手下一個行銷活動了。
>
> 達成目標！

催生想法的實用工具

有產生出色想法的捷徑嗎？有！就是這個！很容易吧，不是嗎？我覺得這種方法對我很有用。單字連結。

試試這樣做：玩耍不是兒童的專利。玩弄語言，直到你找到新鮮又吸引人的內容為止。只要確保它有相關性就可以。

上述「十億美元寶貝」的構思可能就是像下面這樣：

21 > 大門的鑰匙，從來沒有 21 歲過 > 長大成人
十億美元 > 十億美元寶貝 > 寶貝長大了 > 長大成人

因此，你一開始要先從工作簡報中抓出幾個字：也許是產品名稱、其中一種功能，或目標對象。

然後再進行自由連結，不要刻意去想文案或是尋找可行的構思。繼續這樣做，直到你被榨乾為止。

然後檢視你得到的東西，並盡情玩弄一番。

如果我們要寫的是讓新手媽媽放鬆的產品，它可能會像這樣：

媽媽 > 彈奏的聲音 > 懶鬼 > 拇指 > 吸吮拇指 > 吸吮拇指是笨蛋 > 為笨蛋而設 > 嬰兒的笨蛋 > 為笨蛋而設的放輕鬆方法

放鬆 > 躺下 > 呼吸 > 瑜伽 > 平靜 > 綠洲 > 棕櫚樹 > 幻境 > 想像 > 想像的朋友 > 你最好的朋友

無論如何，你只是要打開閘門，所以要避免自我意識進入。我發現遠離螢幕會很有幫助。剛開始，一個草草隨筆的想法看起來比不上螢幕顯示的完美 11 級新細明體文字那麼「正式」，因此，就算後來發現它不好，也不至於太尷尬。

關鍵心得：如果你正在尋找新的想法，不要一直在同一個地方找。偉大的創意通常不是一開始就想到，或掛在嘴邊的東西。要挖得更深。

另一項技巧：文字遊戲

鑑於我們是在使用書寫文字，玩文字遊戲也是可取的方法。

利用心目中的關鍵字，完成以下內容：

- 押韻清單；
- 同義詞清單；
- 反義詞清單；
- 頭韻清單。

按字的長度為每個清單排序。

把字詞大聲朗讀出來，聆聽當中的節奏。

又一項技巧：共鳴

不妨記下你想到的，或包含你的關鍵字之文化參考資料，而且越多越好。這就是共鳴。意思是我們正在借用一個已存在的重要概念。假設你要寫一部科幻驚悚片，描述一個人試圖拯救人類，以免被半機械人殺手滅絕，同時你必須為這位英雄命名。你可以稱他為約翰‧德雷克（John Drake）。聽起來很酷、有男子氣概、不做作。零共鳴。

或者你可以稱他為約翰‧康納（John Connor）。聽起來很酷、有男子氣概、不做作。哦，而且英文名的縮寫與基督教的創始人Jesus Christ 一樣。共鳴。（我要向史蒂芬‧金〔Stephen King〕致敬，他讓我警覺到這一點。讀他的書《論寫作》〔*On Writing*〕，你會成為更好的作家。）

再一項技巧：語言精確度

從某些方面來說，本章是要反對使用形容詞和副詞。你知道，它們的作用是描述事物。我們的老師一向以來就是這樣教我們。而且，只要你正確使用，確實是這樣。它們確實能夠描述事物。你不只是希望人們拯救西伯利亞虎。你希望他們拯救瀕臨滅絕的西伯利亞虎。但要小心，這是一艘聽起來滿載著意義，實際上卻是空蕩蕩的船。準備好了嗎？拯救高貴的西伯利亞虎。為什麼？牠哪裡高貴了？喔，你是說牠們正在被殘酷地獵殺。天啊，就是被善意地獵殺的相反，你是這個意思嗎？或者，你的意思是，配備卡拉什尼科夫槍的偷獵者會捕殺母虎和幼虎，再用電鋸砍掉牠們的頭？在最後一句當中，完全沒有形容詞或副詞。但還是很不錯，我覺得。

我們應該追求的是：精確地找出對的名詞和動詞，讓它們變得威

力無窮，以便：a）傳達我們確切的意思；b）喚起我們一直想從讀者身上找到的那種情緒回應。如果我們需要用形容詞和副詞，沒關係，那就放膽去用吧。但要記得：用它們來增加資訊（例如瀕臨滅絕），而不是強調（例如高貴）。

像記者般寫作

另一個例子。我開完會，開車回辦公室，途中收聽某個新聞節目，一位記者在伊拉克囚禁犯人的場所遊走，進行現場採訪。她斷斷續續、喘著氣描述眼前的景象：

> 我面前還有另一具屍體。一個男人。他死了。跪著而頭部側扭在地面，雙手被鐵絲綁在背後。他的腦後有一個拳頭大小的洞。鮮血淋漓。臭氣熏天，到處都是這樣。這些都是暗殺。謀殺。

我差一點要把車停下來，氣氛異常緊張。她的聲音本身沒有情緒，甚至非常冷靜。她的言詞讓情緒投入顯得毫無必要。而字眼本身也不帶情感。也沒有太多細節。

提這個是希望你從自己身上發掘這樣的寫作能力。報告你所看到的，而不是你所知道的。用語言向完全陌生的人傳達對產品的印象，當中情感豐富而語言簡單易懂。

找到得來不易的用語

詩人與戰地記者有什麼共通點？自然主義者與畫家呢？醫生與偵探？他們都是觀察的專家。他們注重細節。他們記錄看到、聽到、嗅到、品嚐到和觸摸到的一切事物。他們不會使用現成的用語，或一般性的語言來描述事物；他們會盡其所能地描述眼前的景象。由

於關心且鉅細靡遺地記錄細節，因此筆下的景象變得真實。而描述的真相可能讓人心碎、振奮、震驚、興奮、生氣、信服、驚嘆、挑釁、沮喪、喜悅或鼓舞人心。

身為具有說服力的寫手，我們必須學會同樣的做法。必須學會好好弄清楚自己正在寫些什麼，以及真正要寫些什麼。

我曾經為某大型自然慈善機構舉辦寫作研討會。在他們寫的一張傳單上，我看到了這個用語：「the unmistakable flight of heron」（蒼鷺的精準飛翔）。

壞文案：蒼鷺的精準飛翔

好文案：……與牧場主人在阿根廷潘帕斯（Pampas）的牧場上騎馬……在巴西潘塔納爾（Pantanal）濕地地區的夜間遊獵之旅，你可以與身長 2.5 米的美洲虎面對面……（引自作者所寫的網站文案）

跟我一起做個實驗。靠在椅子上、閉上眼睛，想像你以前從未見過的蒼鷺飛行。（這可能是真的，在這種情況下，你會在本實驗中表現出色。）用「精準」這個形容詞來引導你，嘗試把飛行中的蒼鷺形象化。這樣做有幫助嗎？

現在，用你最喜歡的搜尋引擎，搜尋「蒼鷺飛翔」。觀看幾部影片，然後描述你所看到的一切，將你面前的獨特影像，傳達給不認識蒼鷺的讀者。對從未見過蒼鷺的人進行測試，問他們「看見」了什麼。為了節省你的時間，以下是我找到的影片：www.youtube.com/watch?v=eqhcajrS4PQ

當我與慈善機構的傳播主管進行這種小練習時，他們說這很困難。我說當然很難。這才是重點。但是，只透過寫作去說服完全陌生的人，請他們承諾每月定期捐款，挽救素未謀面的生物，也是同樣困難。最後，他們確實做了些很棒的描述，開始深入探究翅膀、腳、

脖子和身體姿勢的真實細節，他們所開啟的對話變得實在而且動人。

要展現，不要說

但等一等，所有這些描述不是與文案寫作書籍所強調的「要銷售，不要說」（sell don't tell）背道而馳嗎？而且還要聚焦於效益，而不是功能特點？如何能透過精準描述，將抱持懷疑態度的人變成顧客？不全然做不到。就拿「要銷售，不要說」這句話來說，在創意寫作的課堂上，它變成了「要展現，不要說」（show, don't tell）。俄羅斯戲劇和短篇小說作家安東·契訶夫（Anton Chekhov）曾說：「別告訴我那是夜晚；展現給我看月光反射在玻璃上。」

關鍵心得：你花在思考產品的時間越多，花在描述產品的時間就可以越少。

假設你要說服別人向你買產品。你的產品可以幫他們省些錢。而它之所以省錢，是因為裡面有一個耗電量比競爭對手少的小元件。小元件是特點。省電是優勢。省錢是效益。但這樣的描述多麼無趣。

當你寫：

> 拜革命性的省電小元件所賜，X產品會幫你省錢。

你是在訴說。

當你寫：

> 想像一下，改用X產品之後省下來的錢可以做什麼。

你是在銷售。

當你寫：

> 想像一下，啟動 X 產品後看到電錶讀數真的慢下來了。我試了
> 一下，簡直不敢相信自己的眼睛。我的智能電錶告訴我，在插
> 入 X 產品的幾秒鐘內就已開始在省錢。根據我的智能電錶，
> 一週內我就省下 4.76 英鎊。計算下來，這代表我每年可節省
> 247.52 英鎊。你也做得到。

這樣寫是在展現。

若要展現，你必須觀察。你需要探索 X 產品，像顧客一樣使用它。仔細檢查它，直到你對它瞭如指掌為止。

當年我曾為商業書籍（特別是重量級的統計彙編、資料書和目錄），寫過許多銷售文案。

每當我與負責推銷書籍的行銷主管交談，他們總是說同樣的話：「很明顯，讀這本書根本沒有意義，它只是一堆統計數字，所以我只會提供去年的目錄手冊給你。」

然後，我必須懇求他們寄一本樣書給我參考。收到後，我會花整天仔細研讀，感受內含的訊息類型（如果沒有其他研究能告訴我的話），去研判顧客會如何使用它。然後我可以從顧客的角度去寫它。

對商業書籍出版商的行銷主管來說，一本塞滿全球汽車行業統計數字的書，可能無法點燃他們的熱情。但書的對象不是他們，而是對資料愛不釋手的銀行、顧問公司和零件製造商的分析師。

試試這樣做：真正了解你要賣的東西。用它、揣摩它、觀察它。不要依賴其他寫手的文案當作你唯一的指南。

圖表不是「匆匆一瞥」的視覺物件，而是「彩色長條圖、餅圖

和散點圖」。各汽車製造商的資料不是「深入的」，而是「包括 28 種績效衡量指標，包括每位員工的生產力、資本報酬率（ROCE）、產品召回率，以及對於所有董事會成員的內部評測」。

幾年前，BMW 做了一個相當不錯的廣告活動。廣告代理商將創意團隊派往德國，參觀 BMW 的工廠，並與他們的設計師和工程師交流。

廣告公司後來將這個過程描述為「審問產品」。從這些關於製造出 BMW 汽車的過程的深入討論，發展出令人印象深刻的廣告活動：它針對個別零件，例如，將活塞鍛造成一個整體，然後將它折斷，並重新黏在曲軸上，以確保在分子水平上相符合。這些聽起來像是產品特色，而不是產品效益吧？

沒錯。的確如此。但是，文案傳達的深層情感利益是：「你坐在一部極致駕駛機器的方向盤後面，我們不會妥協，你也不會。」這對於關心汽車性能和操控性的人來說，相當強而有力。

從理論到利潤

我主持寫作研討會到某個時間點時，總會有某位學員舉手發問：「你是怎樣想到最好的點子的？」我會這樣回答：「我會去安靜的地方思考。」但在我看來，行銷部門越來越不重視思考。噢，當然，我知道行銷人員應該是不間斷的思考。但他們永遠得不到好好做好這件事的資源。我遇到的大多數人都是在大型、毫無特色的開放式辦公室工作，那裡充斥著銷售人員講電話的聲音，不然就是百萬次敲打鍵盤的聲音。所以我要問你的問題是：回想一下你早先問我的問題，我是怎麼回答的：「你是在何時何地想到最好的點子？」你會如何把它納入工作中？

你對自己的產品了解多少？你有沒有擁有或使用它？你是否親身體驗過你所銷售的服務？還是你只有靠行銷手冊和網頁來取得所需資訊？要讓你的產品栩栩如生的第一步，就是將它變成你自己的產品。例如：我不會不訂閱《經濟學人》，當我受聘為其訂閱活動撰寫文案時，我覺得已經非常了解這本雜誌的內容。出版商很努力為我提供了對讀者的了解，但我的產品失敗了。

20 世紀的傳奇廣告人兼文案寫手大衛‧奧格威（David Ogilvy）宣稱，使用客戶的產品是常見禮儀。我們的創意總監約爾‧凱利（Jo Kelly）有次在與菸草客戶的會議中提到一位舊同事「誤抽」其他香菸品牌的故事。那時斜靠在桌子旁的行銷總監當即遞上一根香菸，笑著說：「試一支看看。我想你會發現它會很受歡迎。」所以，這是禮貌，也是看到產品真實面貌的最好方法。

專題討論

1　你可以用哪個測試來做創意思考的準備？

2　舉例說明產生新想法的技巧。

3　把想法寫下來之前，你絕對不能對它做什麼事？

　　a) 評斷它

　　b) 模糊它

　　c) 敷衍它

4　你可以改變什麼東西，以激發新想法？

5　為什麼使用鉛筆和紙是讓思考更具創意的有效方式？

6　完成這個視覺文案寫作的簡單一句話：
　　_____，不要說。

7　形容詞是用來增加_____，而不是_____。

8 安東・契訶夫（Anton Chekhov）說：「別告訴我那是夜晚；
展現給我看月亮反射在_____上。」

a) 水坑

b) 鏡子

c) 玻璃

9 你需要充滿情感才能傳達情感。對或錯？

10 只有專門撰寫 B2C（企業對消費者）文案的寫手，才能從試
用自己銷售的產品中獲益。對或錯？

付諸行動

練習 51：富創意的推銷文案

針對你自己的產品，寫一則精彩絕倫、意想不到的推銷文案。
用盡本章的所有想法、測試、問題和提示。

練習 52：進入另一種狀態

對於你下一則需要撰寫的文案，下定決心去改變狀態。去一個
有別於日常的地方寫稿、或使用不一樣的素材、或與不同的人坐在
一起。

練習 53：這看起來很有趣

建立一個檔案，存放一些因創意、原創性、出乎意料或讓人興
奮而撼動你的素材。它們可以是影像、文字、商標、圖形、字體、
玩具……各式各樣的東西。（所以這個檔案可能很大。）不時在裡
面搜尋一下挖個寶。不要試圖有意識地模仿這些東西，而是沉浸在
它們的差異中。然後寫作。

練習 54：20：80 的描述

請你從辦公室或家裡隨意找個物件。把它放在你的面前，花兩分鐘看它，然後把它放在身後，再花八分鐘撰寫一篇描述。

練習 55：80：20 的描述

再次將物件放在面前。這次，看它八分鐘，然後把它放到身後，再花兩分鐘撰寫第二個描述。

練習 56：觀察的力量

比較你寫的兩個版本文案。（你都有把文案儲存起來，對吧？）它們之間有什麼差別？你比較喜歡哪一個？把它們拿給朋友或同事看，詢問他們的反應。

如果你做得正確，雖然你只有四分之一的時間寫第二篇文案，也應該比第一篇寫得更好、更生動、更吸引人、更真實。

我們能夠在兩分鐘內辨別事物的形狀、顏色，以及主要特徵。我們能夠在八分鐘內放鬆一下，觀察它的質感、光影的細微差別、白色的灰色層次、桌面的不平之處。所有細節都能讓物件栩栩如生，幫助讀者看清你看到的世界。這是情感寫作的開始。

這個方法不僅用於描述物件，也可用來描述比較抽象的事物，例如：運動、顏色或聲音。

Tweet: How are you doing? Tweet me @Andy_Maslen

14
文案的語氣和技巧：找到你的說話口吻

我們常常拒絕接受某個想法，只因為對方表達意見的語氣是冷漠無情的。

——尼采（Friedrich Nietzsche）

簡介

還記得我開始寫文案時，其中一位聯絡人在某個會議場合對我說：「安迪，有一天我看到一張郵件截圖，就知道是你寫的。我看得出你的寫作風格。」當時我得意洋洋。現在回頭看，我應該覺得惶恐才對。我犯了文案的大忌，變得比產品還引人注目。此後我努力消弭文案中所有涉及風格的痕跡。就當我已成功達成任務吧，因為此事件後，再也無人表示能從網站或電子郵件辨認出我的風格。

身為自由業或代理商的文案寫手，也許有一天你要撰寫專業理賠保險，隔一天又要寫自動裝填步槍的文案；還要寫滑板裝備或婚禮規劃服務，才能到週末回家睡大覺。如果你是企業內的文案寫手，也許運氣會好些，到一家品牌形象跟你的寫作風格能符合的公司。但這是不太可能發生的事。在這兩種狀況下，你的風格、語氣通常

275

都跟客戶或行銷活動有差異。然而，還有一個領域可以讓你愛怎麼寫就怎麼寫。

　　內容行銷是讓讀者投入你的內容，還有你個人風格的機會。我從 2000 年 10 月開始發行文案寫作的每月電子報。從一開始我就決定用自己的方法寫作，而不過度擔心別人對文字有什麼看法。我心想，他們喜歡的話，就是好客戶，不喜歡，就節省雙方的時間，不必檢討看不對眼的地方。我也寫部落格、推文，和創作獨立的內容，包括書籍和明信片。再怎麼說，這些內容都是屬於我的。除我以外，沒有人有最後決定權。

　　針對創造和維繫讀者對你和你品牌的興趣，內容行銷公司 Velocity Partners 的共同創辦人道格・凱斯勒（Doug Kessler）曾這樣說明語氣所扮演的角色。談到如何撰寫內容，道格說：「怎樣說話和說話的內容同樣重要。語氣有助於你的訊息跳脫與其他文字雷同的框架。」道格擅長用迥異的語氣表達看法，你可以參訪他的線上簡報：www.slideshare.net/dougkessler。

　　現在就來看看如何發展你的個人語氣。

＊

　　在創意寫作的世界裡，初出茅廬的寫手迫切尋求自我的「說話語氣」。這是什麼意思？簡單來說，就是尋找這樣的寫作風格：a）他們感到自在；b）能反映他們對世界的看法；c）能表達他們對語言的想法；以及 d）讓讀者能辨識出他們。閱讀海明威就和閱讀珍・奧斯汀有天壤之別。

　　身為商業寫手，我們也要尋找自己的語氣嗎？就像大家說的，要看情況而定。

　　我們的名聲並非建立在寫作風格上。只要文字清晰、簡潔且有說服力，我們就應該可以在這一行存活下去。讀者不太可能為我們

寫的內容付費，我們的語氣也不太可能為交易增加價值。

　　如果我們寫的是講稿，就應該明顯展現演講者的語氣。如果寫的是行銷或廣告文案，就應該用品牌或代言人的語氣寫作。多年以來，我都用電視名嘴、雜誌編輯、公司總監、知名醫生、護理、工程和其他行業專家的口吻說話。

　　可是……（太好了，總有個可是。這表示我們畢竟是需要說話口吻的。）至於部落格貼文、電子書、白皮書、社群媒體更新、文章、個人電子郵件和信件，又是怎樣的狀況呢？我總覺得，絕對會有一些領域，是需要你用作者的語氣說話的。我們可以解讀它為「我的寫作方式」嗎？沒錯，就是這樣。現在我們來看看怎樣開發你自己的寫作方式。

關鍵心得：發展強而有力、可辨識的語氣之最佳方法就是：不斷寫作。寫許多文章，寫你想寫的東西，用你想要用的方式。

影響說話口吻的 20 個要素

　　你的寫作可以用以下這些要素來檢視：它們都在你控制之中；它們會影響到你說話的口吻。

1 **句子長度**。寫的句子平均越長，語氣就越成熟、正式和受過教育。寫的句子平均越短，語氣就越像對話、日常和實在。

2 **外來字詞**。我說的是明顯看得出來是外國文字，例如：*je ne sais quoi*（我不知道）或 *mi casa es su casa*（我家就是你家），而不是所謂的借用語，例如：bungalow（平房）或 verandah（陽台）。這些字反映你的語氣是複雜的。類似 *weltanschauung*（德文，世界觀的意思），越長的字就會帶來學術性、高調的口吻，

而較短的字詞，例如：*mamma mia!*（驚歎的意思），則顯得輕鬆調皮。

3 長單字（三個或以上的音節）。同樣的，單字越長，你的語言就顯得越高調，暗示你來自較高的社會階層和良好教育。

4 類宗教語言。即使讀者沒有宗教信仰，他們通常也能體察得到宗教文字的韻律和詞彙。例如，在猶太基督徒的傳統中，smite（重擊）是一個強而有力的單字；如果你要對業務部發表演說，這個字可能可以高效展現你要擊敗競爭對手的決心。

5 附加問句。例如，「每個作者都需要找到自己的語氣，還是說他們不必這樣做？」（Every writer needs to find a voice, or do they?）用非正式的風格，最能與看不到的讀者建立融洽的關係。

6 人稱代名詞。沒有這些代名詞，你的文案就變得枯燥、學術性或帶企業感。（不過這也許是你正在努力營造的效果。）

7 老派名詞。這聽起來可以是很偉大、有學問或只是很老套。同一個段落甚至同一個句子夾雜著高和低技術，往往可以達到最佳效果。「對於像我這種老頭來說，這種雲端儲存方式實在太複雜了。」（This cloud-based storage is just too darned complex for an old-timer like me.）

8 俚語。一般俚語、幫派俚語或活動俚語，例如：滑板玩家的用語都能派上用場，但千萬要避免「時尚教父」症候群。沒有人會相信你能和年輕人混在一起，除非你是他們的一份子。

9 行話。有點像俚語，它會為寫作內容帶來一定的力量，同時有助建立與利益團體之間的聯繫和信譽。但當目標對象是普通讀者，就要小心使用行話，否則你的語氣就會顯得僵硬而無聊。

10 標點符號。例如：從屬子句。如果你唯一的考量是讀者能理

解內容，那麼最好用簡單的標點符號。這樣也會令寫作內容有點像給小孩子看的說明手冊。正確運用標點符號能清楚表達意思，因此寫再多句子都沒有問題，而且會改變你的寫作步調。

11 語意註釋（也就是：括弧內的文字）。其實這樣子如同作者和讀者之間存在某種程度的同謀關係——分享一個笑話或是感同身受。就好像你把身體傾前，跟他們竊竊私語。

12 混合語調。例如：威爾遜參議員扮演著「凡夫俗子的角色（blokeish persona）」（我在某期《經濟學人》讀到這句，這絕對是優良寫作的典範）。每當你把觀點從高轉低或從低轉到高，讀者都必須重新調整自己的觀點，也令他們感到興奮，有利於維繫他們的注意力。

13 文學參照。例如：英國大文豪狄更斯小說《大衛·科柏菲爾》（*David Copperfield*）裡的人物尤拉希普（Uriah Heep）曾說過：「我的手腳如此的笨拙。」如果你的讀者知道這話的出處，自然就能勾起知己知彼的感受。但這樣做也許有點做作或炫耀，就好像要讓人知道你很有教養（也許你也真想這麼做）。

14 機智／幽默。例如：您應該嘗試搜尋更有利的買賣；我們在此為您的旅程準備了一些三明治。這種「可愛」的寫作方式深受廣告公司的文案寫手和其他品牌活動人員的喜愛。處理得好的話，讀者會笑著接受；搞砸的話，他們的胡說探測器就會瘋掉。

個案研究　Quad：app 促銷影片

http://vimeo.com/72978470

「很久很久以前，在一個不太遙遠的大學校園……」這是 Quad 製作的有趣影片一開始的旁白，這家公司專門銷售組織 app。他們參考千古以來的說故事方式和星際大戰，講述在某個殭屍執政的國家，某個校園內發生的故事。其後它被下載了幾萬次，這或許代表對克勞德・霍普金斯（Claude Hopkins）這位廣告業先驅的最深敬意——他說花錢是一件嚴肅的事，人們不是跟小丑買東西，而幽默得歸功於文案寫作。這部有趣的活死人作品的文案寫手是芝加哥的娜塔莉・穆勒（Natalie Mueller）：

> 我們用客戶的眼光從完全出乎意料的方向去創作喪屍作品，希望發展出新鮮且引人入勝的故事，當中充滿曲折情節、微妙的幽默和美妙的押韻。（娜塔莉・穆勒，自由業文案寫手和創意總監，芝加哥）

但初出茅廬的你要注意，這位女士同時也是個喜劇專家，因此她明白如何搞笑。

15 刻意用些糟糕文法。例如：這到最後是搞不成的啦。結束。有兩類人會使用糟糕文法：知識不足以致偶爾犯錯，以及受過良好教育，但用它來做效果。如果你要加入後者的行列，請確保讀者不會懷疑你的意圖。另一種結果則是：他們假設你是第一類人。

16 孩子氣的措詞。「我看過最新的可行性研究，你知道怎樣嗎？我不愛（me not like）。」像這種怪異的寫法必定能引起讀者的注意。這個例子中，「我不愛」的說法，與絕對非孩子氣的單字「可行性」的句子並行，這就是線索。真正的孩子氣都是純然幼稚。

17 收斂取代大聲宣揚。例如：也許你會有興趣試試？請告訴我，我會為你設定使用者姓名和密碼。這是傳送訊息的好方法，說明你很自信卻不自大。這意味著假如他們照你說的去做，你會很高興，但是你知道嗎？這些都不重要，因為無論如何你已做得不錯。

18 大聲宣揚取代收斂。例如：我不認為你會來修讀我的課程。我**知道**你會。為什麼？因為你是那種「學如逆水行舟，不進則退」的奈米技術工程師。

19 態度。例如：你也可以造訪另一家畫廊。我的意思是，這個城市有太多可供選擇。可是，嘿，同時還有很多空間，我想你不會去參觀太多地方。因此，除非你對和贏得今年威尼斯雙年展的藝術家見面還心存疑問，否則我會在下週四晚上七點，準時為你送上一杯香檳。

20 超現實。例如：昨晚我正在寫這封電子郵件，魚缸裡的金魚開口和我說話。這種情況經常發生，所以我並不感到驚訝。（不是好像天使魚講話那樣，不然就真的太奇怪了。其實他

害羞得從不說話。）

我認為這些工具是由你來控制，但許多人會完全隨機去做。你所寫的一切，都必須要有目的。你當然可以寫 35 個英文字的長句子，內含許多「世界觀」（Weltanschauung）和「以物易物」（quid pro quo）的字眼，但要有目的而為，不是說廢話。

關鍵心得：當你發展和運用自己的語氣時，請把它們用在你希望讀者認定你是作者的專案中。意思是：文章落款是你的名字。

如何調整你的說話語氣

如果以上談的是尋找你的語氣，那麼這個部分就是談如何改變語氣。我承認這很難直接說明，但讓我來整理一下你寫作的不同面向。當讀者回應你時，他們對你的寫作可能帶有情緒反應。然而，當讀者回應的是你的語氣時，他們對你的訊息絕對是帶著情緒反應。這表示語氣對於銷售溝通是更有用的工具，畢竟我們就是希望讀者覺得遵循我們的建議是個好主意。這當中存在很微妙的區別，但我希望你讀完本章節之後，一切會變得更清晰。

揭穿 7%法則

身為文案寫手，我們必須面對的最大挑戰之一是：未能與顧客面對面接觸。當我們選擇了以文字為溝通媒介之後，類似聲音暗示和肢體語言等非語言要素，瞬間就消失了。

但是，把鉛筆和平板電腦扔出窗外，轉行去當會計師之前，我們先稍安勿躁。有很多溝通「顧問」拼命向你推銷這個概念：我們

話語裡只有 7% 是透過我們選擇的文字來溝通。這實在是胡說八道。最先提出此統計數字的是艾伯特・麥拉賓（Albert Mehrabian），目前是美國加州大學洛杉磯分校的名譽教授。他最早期做的研究是想了解有多少人喜歡正在進行溝通的人。

麥拉賓教授對於漸漸為人所知的「麥拉賓法則」（Mehrabian's Rule）的起源如此說明：

總喜愛程度 = 7% 語言喜愛度 + 38% 聲音喜愛度 + 55% 臉部喜愛度。請注意，關於語言和非語言訊息的相對重要性的這個公式和其他公式是來自於：處理感情和態度溝通的實驗（也就是：喜歡對比不喜歡）。除非溝通者是在談論其感受或態度，否則這些公式就不適用。

換句話說，你可以很有效地以書面溝通資訊。（事實上，你的情感不太可能籠罩整個圖片，因此也許文字比面對面溝通還有效。）然而，當你要以寫作的方式溝通情感層次的東西，就明顯存在問題。那麼，我們如何在自己與讀者之間，單靠螢幕或一張紙重現非語言溝通的效果呢？

個案研究　CareSuper 的直銷郵件

CareSuper 是澳洲最大的工業基金，專門為專業、管理、行政和服務人員管理退休金。

本活動旨在透過鼓勵過期會員選擇 CareSuper 作為其基金選擇，進而增加基金活躍會員的人數。

為了克服收件人對郵件冷淡以對的態度，以有別於傳統的方式與我們的大型基金會員溝通，就顯得很重要。寫郵件務求使讀者感同身

284

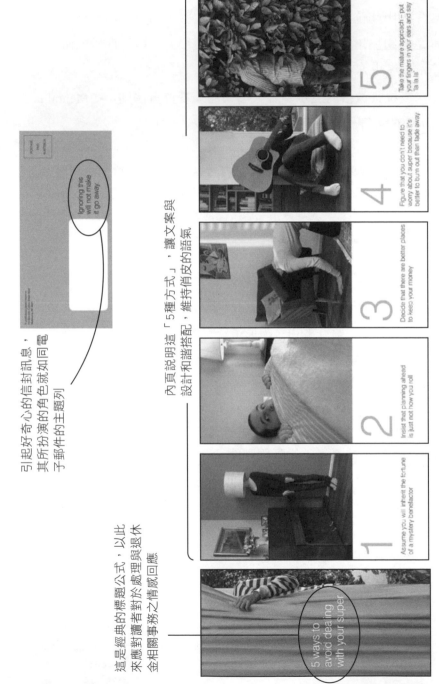

引起好奇心的信封訊息，其所扮演的角色就如同電子郵件的主題列

Ignoring this will not make it go away

內頁說明這「5種方式」，讓文案與設計和諧搭配，維持俏皮的語氣

1　Assume you will inherit the fortune of a mystery benefactor

2　Insist that planning ahead is just not how you roll

3　Decide that there are better places to keep your money

4　Figure that you don't need to worry about super because it's better to burn out than fade away

5　Take the mature approach – put your fingers in your ears and say 'la la la'

這是經典的標題公式，以此來應對讀者對於處理與退休金相關事務之情感回應

5 ways to avoid dealing with your super

受，並且帶著些許的幽默感，運用簡潔明顯的「輕鬆」語氣，包括利用口語，讓郵件內容明顯有別於大部分的大型基金和其他金融機構的生硬、正式的文風。（瑞安・沃曼〔Ryan Wallman〕博士，WellmarkPty Ltd 文案部主管，澳洲）

本活動史無前例地喚起了過期會員的共鳴，並獲得澳洲公基金協會（Association of Superannuation Funds of Australia）頒發的「卓越會員溝通」大獎。

商業寫作的語氣

很多時候我們會用一般的商業語言來寫作，但視所寫的內容而異，可以選用特定的語氣。這些語氣通常像這樣：

- 行銷文案：興奮、誘人、友善；
- 商業文件：高調、做作、冷靜；
- 內部溝通：超然、獨斷、專橫；
- 社群媒體：時髦、輕率、非正式。

這並不是說相反的例子很少。但這樣是有其道理的。

對於語氣，我們主要需注意的是，開始寫作前，就要決定要用怎樣的寫作語氣。不要讓語氣隨機形成。不要回到既定的寫作模式。千萬不要讓語氣受到情緒支配。

壞文案：這次備受矚目的公司午餐會，有一整個下午的精彩娛樂、精緻的餐飲和充沛的笑聲，同時還為慈善事業募集重要資金。

好文案：無論你這一週過得如何，只要快速瀏覽我們的頁面，就可以讓你整天神清氣爽、精神振奮。（作者為《讀者文摘》撰寫的銷售信）

到現在為止，以上這些禁令也許會讓你覺得跟本書的整體主旨

格格不入。但請聽我說完。我不是建議你偽裝出一些你完全不具備的情感，但你必須記住，所有商業寫作基本上都是在做同樣的事：修正讀者的行為。所以，沒錯，你是要喚起讀者的情緒，但你不一定要表露自己的感情。換句話說，是喚起而不是表露感情。

例如，當我們收到顧客或同事發來會觸怒我們的電子郵件，就會開始起衝突，我們會毫不猶豫寫些激烈語言的電郵反擊，而且語氣徹底反映內在的躁動情緒。但是等等，如果你回給他們有禮、感覺受傷或道歉的電子郵件，而不是憤怒、語帶諷刺或粗暴的電子郵件，你認為他們會不會比較可能了解你的意思呢？

我們要重新回到規劃上。重點來了。

規劃語氣

試試這樣做：語氣不會無緣無故產生。必須事先決定自己的表達方式。把它寫在文案計畫中。

在撰寫任何內容之前，都要先制訂計畫，你的計畫要以最簡單的方式，說出希望接下來要發生的事。假設一個大客戶傳送電子郵件給你，當中列出一連串對你在某個工作專案上的瑣碎批評。他們顯然很生氣，毫不保留地抒發自己的感受。首先，你現在的感覺如何？快樂？受人尊敬？滿意？不，我認為都不是。

所以，先深呼吸一次，然後制訂計畫。開始要像這樣：

接下來我希望發生的是：＿＿＿＿＿＿＿＿＿＿＿＿＿＿＿＿

寫下你希望客戶在讀過你的電子郵件之後會採取的行動。　現在，你準備好寫初稿了。你很平靜（希望如此）並且有計畫，因此，要在頁面或螢幕上表達的唯一情緒，就是你想要呈現的情緒。

實務作業：記住，語氣是由讀者判定的，而不是寫作者。

讓你的語氣完美的五個技巧

但到底要如何創造或改變語氣呢？如何表達友善、生氣、專業或熱情？以下幾點可能有幫助：

1. **投入情緒**。如果你想表達興奮，做一些劇烈運動，讓心跳加速，同時要面帶笑容（此舉會讓大腦釋出腦內啡〔endorphins〕，也就是「快樂激素」）。如果想要表達憂慮，想一些讓你感覺焦慮的事。

2. **穿著合宜**。你想表達專業與權威嗎？如果寫作時穿著西裝和皮鞋，而不是穿著牛仔褲或慢跑褲在辦公室遛達，你會發現下筆更容易。

3. **保存寫作訣竅檔案**。每次當你讀到語氣鮮明的文章（文案或其他形式的內容皆可），就保存下來，看看是否能找出該作者用來創造語氣的單字、片語或其他語言技巧。

4. **不要怕做過頭**。寫稿時要無拘無束，事後再著手編輯。對一般寫作來說，這是不錯的技巧，而且假如你在找特定語氣，這種技巧對你特別有幫助。

5. **要創造正面、友善的語氣，可以使用大量個人的日常用語和簡單的語法**。運用「請」和「謝謝」的字眼對你很有幫助。要創造比較嚴肅的語氣，可以使用比較複雜的句子結構，避免口語化和太多平實的用詞。

從理論到利潤

記住，身為文案寫手，你的語氣是獨立的存在。它不是說話的表面語氣，而是人們認可和喜愛的寫作風格。你首先要追求清晰度和

一致性。溝通技巧,尤其是書面溝通技巧,在組織機構和商業生活中占有越來越重要的地位,而擁有獨特語氣可以為你帶來競爭優勢。

　　你可以在以下三種情況運用獨樹一格的語氣:一、任何由你親自署名的銷售訊息;二、任何由你為你的個人組織所寫的內容,並且由你具名;三、任何由你以作者身分發布的內容,例如書籍、文章和演說。當世界充斥著沉悶的企業語氣,以及以跟風方式模仿廣告界的新寵兒時,創造獨樹一格的語氣,是在人群當中脫穎而出的方法之一。檢視你的企業溝通內容,如果你是自由工作者,可以看一下你為客戶撰寫的內容。將它們區分為由公司發布,或你親自創作的內容。以後者來說,何不做一下實驗並享受箇中樂趣呢?最糟的狀況會如何?誰知道,搞不好人們就因為你的寫作風格而開始關注你。這樣不是很好嗎?

　　現在,思考一下要如何吸引顧客。回答這個問題之前,你必須先規劃各種與他們互動的方式。因為語氣絕對不是一體適用的技巧。要考慮到彼此的關係有多密切,以及關係已建立多久(當然,兩者不是同一件事),還有你正在撰寫的主題之性質。即使是很好的客戶,要跟他們說他們還欠你錢,與尾牙他們抽中了大獎的語氣,當然是截然不同。一切都與感覺有關。你可能希望他們喜歡你,但你應該更希望他們體驗到更深層的感受,例如:內疚(假如他們欠你錢),或者放心(假如你建議他們購買未經測試的產品)。因此要設法把這樣的語氣納入計畫,並利用技巧實現目標。

專題討論

1　列出寫作語氣的三個要素。
2　什麼情況下寫出自己的風格,是個不錯的做法:

　　a) 可以看得出是你寫的

　　b) 適度使用

　　c) 引人一笑

3　什麼時候應該避免使用與眾不同的語氣？

4　本章中列出的眾多技巧中，舉出一種可讓你看似有教養的技巧。

5　舉出一種看似有趣的技巧。

6　要判斷文章的語氣，最簡單的方法是什麼？

7　對於任何類型的溝通方式，你使用的文字只能傳遞 7%的意義。對或錯？

8　真誠是一種語氣，對或錯？

9　你能想到一種讓你的語氣看似更友善的技巧嗎？

10　表現感情（emoting）和喚起感情（evoking），哪種比較好？

付諸行動

練習 57：聆聽自己的語氣

　　除非你是經驗豐富和才華出眾的文案寫手，否則你會發現寫作比說話更困難，所以應該忘掉鍵盤，改用錄音機。

　　打開它並說出想說的話。放鬆心情繼續說，就算犯錯或搞砸句子的排列，也不要停下來。你也可以先記下一些重點，讓自己能掌握說的方向。

　　現在，將你的錄音抄寫下來，並重新朗讀給自己聽。先大聲朗讀，然後默念。

　　這就是你的語氣。你可以看到寫下來的真實的「你」。

練習 58：開啟語氣分析器

現在分析你抄錄下來的內容。參閱本章提到的 20 個要素，看看有幾項適用於你的語氣。你用到哪些要素？用在哪些地方？為甚麼用它？這些要素對於你的訊息、讀者、讀者的心情有什麼影響？

練習 59：改變你的語氣

你是否曾重複說一件事，而希望改變這個習慣？你也許經常使用某些字眼，或很多句子開頭的寫法都一樣。

你可以編輯一下你的內容，然後再朗讀一次，現在聽起來感覺如何？當你有了一個喜歡的作品，就把它貼在一個看得到的地方，這就是你的語氣。

練習 60：為這個語氣命名

盡量列出你所能想到用來形容語氣的字眼，花五分鐘去寫。可以從這五個字詞開始：

- 焦急；
- 嬌媚；
- 令人討厭；
- 自負；
- 渴望。

練習 61：不同群組用不同筆調

現在列出你在公司、與顧客之間的所有書面互動類型。從語氣清單中，為每種互動類型選擇你認為會對顧客產生你所希望的影響的語氣。這個配對清單就是你的語氣檢查表。每次要寫信給顧客，就用這個表作為參考。

練習 62：改變語調而不改變內容

　　讓我們試著用不同的語氣，撰寫相同的內容。我希望你用練習 60 中的任何五種語氣，撰寫行動呼籲文案。下面是我的五種語氣例子：

焦急——你要訂購嗎？啊，拜託你說你要訂購。一想到你生活中會沒有我們的 Wonder Widget，我就無法忍受。

嬌媚——所以說，何不提供個人資料，我可能會親自送 Wonder Widget 到你家啊。

令人討厭——你顯然還沒訂購。這讓我懷疑你是不是像我想的那麼聰明，還是你只是不小心落入郵寄名單中的白痴。你到底是哪一種？

自負——我堅信 Wonder Widget 不僅代表物有所值，更代表極高品質。毫無疑問你同意我的觀點，這就是我期待收到你的訂單的原因。

渴望——你還記得從前用小元件購物既快速又輕鬆嗎？我記得。假如能回到簡樸的日子，該有多好。不如我們來開創潮流？何不現在就寄訂單給我？記得要附件。

Tweet：How are you doing? Tweet me @Andy_Maslen

15
為你的銷售注入生命力：一個古老的方法

沒有親身經歷過的遭遇，再怎樣讀過文字敘述，也都無法真正
了解。

——伊莎朵拉·鄧肯（Isadora Duncan）

簡介

本章要介紹的技巧涉及我們曾探討的視覺描述、說故事法則，
以及運用有別於文字的真實影像。我們要來看看如何用戲劇手法來
展現產品承諾、效益或獨特銷售主張（USP）。換句話說，是「要展
現，不要光說不練」。也許我們可以稱它為：「要涉入，不要只展現」。
如果潛在顧客已經購買產品，那麼我們的目的就是：請他們盡量去
體驗生活的改變。

諷刺的是，最容易運用戲劇手法的產品，其目標對象可能並不
真的需要這些戲劇手法。如果你賣的是高級鑽石首飾，你可以運用
大使級雞尾酒會的戲劇性場景，或者是宴會廳吊燈的照明效果，但
你真的要這樣做嗎？買得起這些首飾的顧客，也許已經身在其中，
只要請個一流攝影師就夠了。哈雷摩托車（Harley Davidson）又怎麼

說呢？拍一張美國 66 號公路的照片，再配上傑克·凱魯亞克（Jack Kerouac，譯注：美國小說家、藝術家和詩人）的幾句話，甚至不需要把車子亮出來，就大功告成。單純用「天生就要被馴服？」（Born to be tamed?）的標題，那些中階管理層就會拿著信用卡排隊買車了。

可是，萬一你要賣的東西，沒那麼戲劇性呢？比方說：供應鏈軟體，或電動脫毛機。現在，你也許想把視線從桌面拉到遙遠的地平線，看到執行長的辦公室在那一端向你招手，或是真絲絲巾順暢滑過嬰兒般柔嫩的雙腿。B2B（企業對企業）文案特別渴求新方法，尤其是許多公司仍然強調效益是特立獨行的法則。

＊

我在本書中曾提到修辭學，但古希臘人也是戲劇高手。儘管我們不是要叫任何人睜大眼睛看表演，但是用戲劇手法來說明產品／想法如何有效影響顧客，值得深入探討。

將一個想法戲劇化，指的是讓它活生生地出現在讀者的腦海。也就是說，不僅是一幅靜態的圖片。但也不見得是個陳述完整的故事。

我們來舉例說明。假設你正在行銷新的電子書。它上市後十分轟動，半數的 Kindle 使用者都訂閱了一本。你可以這樣寫：

> 在我寫信給你時，已有半數的 Kindle 使用者已下載了這本書。

這是事實，但完全不令人動容。

你也可以這樣寫：

> 假設某天我坐公車上班。車內滿是乘客，只剩一個座位。你坐下來後開始滑手機查看電子郵件。可是你注意到一件事：
> 車裡每個人都在用 Kindle 讀一樣的書。

> 沒錯。所有乘客都在讀凱蒂‧麥克威爾遜（Cady McWilson）寫的《當自己是有錢人》（*Think Yourself Rich*）。他們從書中讀到了什麼祕密嗎？

　　在這個範例中，你用戲劇手法處理統計數字，讓它活靈活現地呈現在讀者眼前。讀者可以想像公車到站、你上了車、坐下和注意其他乘客的小劇場。

可在文案中運用戲劇手法的六種情況

　　可利用戲劇呈現的事物很多。先舉出六項：

1 低價——和你的日常採購相比。

2 高價——把它除以 365（每年天數），然後做跟低價時相同的事。

3 特性——「它不僅防水；你還可以把它綁在石頭上，從倫敦塔把它丟到泰晤士河，一個禮拜後再把它撈起來，發現它還能正常運作。」

4 滿意保證——「如果它無法確實如我所承諾的運作，不必把它送回來。我不收有故障的產品。用你能找到的最大、最重榔頭，把它碎屍萬段吧。接著寫電子郵件告訴我你做了這事，我會寄張支票給你。」

5 薦言——「我不希望你只聽我說的話，因此，我做了以下的事。我隨機打電話給十位顧客，問他們相同的問題。『你會再買這個產品嗎？』你知道他們怎麼說嗎？他們都說會。」

6 行動呼籲——「要購買請撕下此表，把它寄回來給我，地址是：……」

試試這樣做：試試用戲劇手法處理你最重要的產品之效益。用動詞來表現行動感。

戲劇化的簡單三步驟

戲劇的核心要素是行動。相同的道理也適用於你的業務推銷。你需要讀者想像自己（或某人）正在做某件事。

步驟 1：挑選動詞。找一個非常有威力且實在的動詞。不是只是想想，而是去做。

以下列出 100 個能在許多不同的業務推銷時用得到的動詞：

act 做 / 表演	grip 抓	sing 唱歌
aim 對準目標	hide 藏	sit 坐下
ask 發問	hit 打	skid 打滑
bash 臉紅	jack 提高	skip 跳躍
bleed 流血	jive 跳動	slash 砍
blow 吹	jump 跳	slide 滑動
boil 煮	kick 踢	slip 滑行
break 折斷	kiss 吻	smash 砸碎
build 建造	laugh 笑	smile 微笑
burn 燃燒	launch 發動 / 發起	sneak 潛行
charge 衝鋒 / 收費	lick 舔	sneeze 打噴嚏
chop 切碎	lie 躺下 / 說謊	spin 旋轉
chuck 撫弄	lift 提起來	sprint 衝刺
clap 拍	lug 拖拉	squeeze 擠壓
cough 咳嗽	mend 修補	stand 站著
crack 爆裂	peep 偷看	stare 瞪

crouch 臥	pick 挑選	stroke 劃
crunch 咬碎 / 縮	pitch 推銷 / 投擲	swallow 吞
cuddle 依偎	pluck 摘	swing 搖擺
cut 切割	poke 戳	tear 撕
dash 衝	prod 刺	throw 丟棄
drink 喝	pull 拉	trip 絆倒
drive 開車	pump 刺探 / 灌注	twirl 快速旋轉
drop 跌落	punch 重拳出擊	twist 擰
eat 吃	push 推	walk 走路
fall 掉落	race 疾走	watch 看
find 找出	relax 放鬆	whip 鞭打
fix 修理	rip 撕裂	whisper 輕聲說
flap 拍打	run 跑	wrench 扭斷
fry 煎	scream 大叫	wrestle 搏鬥
gallop 馳騁	shake 搖	yodel 用約德爾唱法唱歌
gawk 呆望	shimmy 搖晃	zip 快速行動 / 拉拉鍊
grapple 扭	shout 吼叫	
grind 磨碎	sigh 嘆氣	

　　步驟 2：製造一個場景。它可以是一輛擠滿人的公車，也可以是教室，或讀者自己的家、辦公室某個房間、快餐店、研討會、火車站、音樂廳、車庫、超市、街頭、床、洞穴、樹屋、沙灘、飯店大廳等等。我這樣講，你應該就明白了。

　　最理想的場景是讀者不必太用腦就能發揮想像力的地方。如果選擇生化技術實驗室，你最好要確定讀者了解旋轉木馬的離心力；不如選擇學校操場或沙灘吧，這些地點比較簡單明確。

步驟 3：在你的場景中，用產品或代表產品的意義收服讀者，讓他們「做」你想要的動詞之行動。

個案研究　Quintiq 的對管理階層簡報

每家公司都存在規劃上的難題，有些很大、有些很複雜、有些看似難以解決。Quintiq 的願景是用單一的軟體平台，解決每個問題。

Quintiq 行銷策略的主軸是內容行銷。在這份主題為「零售業的管理階層簡報」的文件中，我們希望利用戲劇手法重現顧客的要求，顯示我們了解他們的困擾，進而與他們產生共鳴。

Quintiq 用「SLAPP」總結其風格：「說話口吻如同專業人士」。也就是，用淺白的文字敘述，但包含一些專業術語，以說服專業人士。

我再舉個例子，其中使用了上述某個動詞和場景。我要向業餘愛好者推銷新款的圓鋸。它的獨特賣點是接觸到肌膚就能迅速停機，因此即使手指就在刀口上，也只會略微刮傷，不礙事。

好文案：這是我們的競爭對手會很扼腕他們沒先想到的安全性能。假設你正在努力切割木頭，聽到門鈴響起。就這麼一秒，你失神了。老實說，會不會發生事故，也就是在這關鍵的一秒：你沒拿工具的手就在刀頭上滑了一下。然後就幾乎要絆倒。有了 SlipStop，你可能貼一片 OK 繃就 OK 了，沒有其他的傷。

試試這樣做：用戲劇手法呈現產品效益，無需長篇大論說教，就能讓潛在顧客看見如何生活得更輕鬆。

透過聚焦於零售顧客日益具體和他們的要求，我們立即劇建立友好關係，並且用戲劇手法呈現零售物流經理的工作壓力。

3 STEPS TO REV UP DELIVERY AND BOOST CUSTOMER SERVICES

RETAIL PLANNING | MANAGEMENT BRIEFING

Customers are getting harder to please

Not so long ago you could satisfy customers with a day-long delivery slot. Now, many think two-hour slots are too long. They want to know where your driver is. Perhaps they want their parcels to be left with a neighbor or brought to the office instead of their homes.

Flexible delivery is part of customer service. If you can't give customers what they want, there are plenty of other vendors who will.

Whether you own your logistics resources or subcontract the services doesn't matter. Yours is the brand that will suffer – or shine – depending on how well you deliver.

Read on to discover the three critical things you can do to enhance the reputation of your brand by providing excellent customer experience.

2　SUPPLY CHAIN PLANNING & OPTIMIZATION

　　也就是，需要說故事。關鍵在於：擷取要強調的性能或效益，與其說明它，不如把它呈現在顧客眼前，讓它發揮實際功效。

壞文案：Acme WonderWidget 比鋼還堅固。

好文案：妳的伴娘會謝謝妳，這套衣服以後還可以再穿。還有什麼我們喜歡這衣服的理由嗎？可以放些口紅之類隨身物件的暗袋。（來自 J Crew 美國網站）

用圖片取代文字的時機

　　在談論寫作的書裡提到影像好像有點怪。但身為文案寫手，我們主要關心的是或應該是：修正讀者的行為，而不是光談論寫作本身。由於影像比過去更容易取得和掌控，我們不去用它們當作武器來說服潛在顧客（想保住我們設計師同事的飯碗？），似乎說不過去。事實上，在廣告的世界裡，文案寫手和美術總監往往是相互依存，當中平面設計師對文案作出直接回應，而網站設計師則在線上 / 行動裝置的空間上發揮創意。

　　我相信，身為資訊設計師，我們一開始就要運用視覺思考。除了 Google AdWords、純文字電子郵件和其他無影像區域外，我們所寫的每段文案，都勢必存在於充滿影像的環境中。而且你想想，這無疑是不必負責卻能掌權的好法子。比方說：你可以只是鍵入「古老電唱機搖身一變成為機器人」，加上標題，接著一組可憐的呆子，就必須花個三天來設法呈現你的視覺世界。

　　說正經的，和同事開個腦力激盪的會議，然後想些法子來表現品牌形象，往往是創作真正值得回憶的作品之絕佳方法。我曾經和某數據發布商談話，想出來用一鍋水和沙礫構成的金色商標，其後

成為行銷活動雋永的品牌形象。

每個影像都需要標題說明

在任何情況下，每個影像都需要搭配文案。圖片需要圖說、屬性標籤、「手寫」評語、下載指示說明和其他簡報以外的文案（已於第 6 章詳述）。你猜誰該寫這些東西？就讓我們看看如何運用影像加強銷售訊息，同時省下和顧客討價還價的時間和精力。人類基本上是視覺的動物，在躲避掠食者、尋找食物、庇護之處和伴侶時，視覺感官創造了顯著的進化優勢。因此，我們與生俱來是先用視覺，再來才是閱讀的動物。也就是說，圖片是吸引讀者注意力的最簡單且絕佳之道。展現就是略勝說明一籌。

我曾經認為在行銷活動中，文字比圖片更重要，但我錯了。或在某個情況下是錯了。

也許你知道我曾經做了一個名為 CopyWriter 的 app。在 App Store 顯示的產品說明是：可以教你文案祕訣。它就是這樣。它所有的功能就是這樣。文字可沒說它是個打字機。

可是我不時會收到電子郵件，抱怨（有時甚至是怒吼）說：「這個應用程式太爛了。我不能打字進去」（或類似這樣的話）。

我認為是因為人們看到我的截圖──一台可愛的 1970 年代便攜式打字機──而引起誤會，以為：「啊，打字機，這我要。」而且由於它是免費的，他們只需要點擊「安裝」即可。

他們買單的是圖片顯示的承諾，然後連介紹文字都沒看。

關鍵心得：在沒有視覺影像的情況下，就利用圖像式語言，在顧客腦海裡製造一幅圖像。

圖片增加文案價值的七個地方

這樣說就證明了一個重點：圖片是絕佳的溝通工具。以下舉例說明，慎選的圖片確實能增強銷售訊息：

1. 關於我們：員工介紹

我不認識你，可是我在研究某家公司時（可能是為了客戶而做），我都會點選「關於我們」頁面。而員工介紹的網頁通常分為兩種：內含照片和沒有照片。

我覺得沒有照片看起來比較奇怪，就像是公司把員工藏起來，不讓我看到一樣。儘管介紹的文字饒富趣味，但我想要看看他們的臉。這是人類的本能。我們天生就會追蹤臉孔，特別是眼睛。

2. 銷售的產品

何不向顧客展示你建議他們購買的東西？我說得很直白，而且我也在其他著作裡強調過這一點：人們希望看到他們將要花錢買的東西的樣子。如果你賣的是服務，就放上提供服務的人。如果賣的是無形的服務（例如不是透過人來完成的服務），就展示顧客體驗它的樣子。

不要落入這樣的陷阱（我在本書其他地方也提過），逕自假設：a）你的產品很無趣（但對顧客來說不是這樣），或是：b）因此，放張照片上去，也一樣無趣。記得，你的銷售對象不是你自己。

3. 薦言

許多公司採用薦言，但有多少公司會附上提出薦言的顧客照片？或是用更好的做法：把說話的過程拍成短片？就如同前述，我們天

生就在搜索人類的臉，並作出回應。

4. 註冊頁

如果你的網站包含註冊頁（sign-up page），可以考慮加入影像，也許是人們註冊後可免費獲得的會員贈品，或客服人員直接面向訪客的照片。

我在某個行銷活動中曾測試各種類型的影像，包括：免費內容的圖像，以及在一個模糊的學術背景裡，男性對比女性「學員」的A/B 測試。結果女性學員壓倒性地大勝，我們就用了一張她站在櫃子前把資料夾抽出來的照片。

5. 訂單表格

訂單表格很重要，特別是線上訂單，因為比起現場購物，網路顧客和你公司的連結更加微弱。如果你想要讓顧客的放棄購買率降低一點，不妨在訂單的勾選方格旁邊加上產品照片。這樣子，可以讓顧客不會一直想到自己又在花錢，而是會看到將解決他們問題的產品。

6. 社群媒體更新

記得某個時期，大部分社群網站實際上是沒有影像的區塊。現在影像在社群網站遍地開花。如今即使是一篇光是文字就已足夠的文章，精明的社群使用者也會在貼文中加上影像，讓更新的內容看起來更有趣。

7. 推銷信

每個人都知道價值 20 億美元的推銷信。這封單純只有文字的推銷信是自由文案寫手馬丁‧肯羅（Martin Conroy）於 1974 年所寫（其

根據是一位名叫布魯斯‧巴爾頓〔Bruce Barton〕的文案寫手所寫的信件），而且 28 年以來一直所向披靡，其效果比任何測試信件都好，為《華爾街日報》（*Wall Street Journal*）帶來 20 億美元的業績。

到了 2002 年，他的輝煌成績終於被梅爾‧戴克（Mal Decker）打敗。後者做了兩件值得探討的事。第一，他把信件從兩頁增加到四頁。其次，也是我把此例納入本書的原因：他在文字中加入了範例影像。因此，無論你要用 app 或任何媒介進行行銷活動，你都要思考許多事情。

下載：可搜尋「The $2 billion sales letter」，看看這兩封銷售信。

關於影像，你應該問自己的三個問題

1 如果你有在使用影像，它能確切傳達你的產品的承諾嗎？還是說圖片和文案訊息彼此衝突？

2 如果你沒有用影像，為什麼？它們的效果非常強大，且光靠它們，就能促使人們採取行動。

3 如果你打算使用和產品毫不相干的圖片，那是為什麼呢？例如，標題圖說──體操選手的照片，外加類似「我們向後彎腰來幫助你」的文案；這樣做並不會使讀者更可能說：「好，我下單」，而只是：「喔，我懂了！」

實務作業：你不是非得使用影像不可，但我們天生會回應它們，因此你必須有強烈的理由不使用影像。

利用影像的威力來吸引讀者，接著用一流的標題勾住他們，勾得深一點。

從理論到利潤

戲劇手法比較不是一種孤立的語言把戲，而是你整個業務推銷中的一種手法。你不是在賣產品，而是在賣擁有了這個產品後的體驗。這樣的延伸運用，比我之前談的一些技巧更深入。因此也許你需要自己去感受一下。比起全盤改變你寫文案的方法，不如每次一小步，以戲劇性為核心引擎，先為你的網站或下個推銷活動寫一小篇文案。可以把它放在登錄頁，或 HTML 電子郵件或推銷信裡面。重點是：寫一個引人注目、能獨立發揮作用的標題，以吸引讀者目光。隨著自信心日增，你可以圍繞著戲劇法則，寫一篇完整的業務推銷文案。

看看你所在的組織吧。他們目前如何使用影像？有沒有任何公司原創的影像，還是快要被大量的圖庫影像淹沒了？這些影像的目標對象是誰？行銷部？董事會？還是你的顧客？舉例說明：某個大型慈善團體想邀請農民參與他們的任務，並諮詢我的意見。我在某次研討會裡貼了兩排影像在牆上。第一排是來自慈善團體的行銷素材，目標對象是農民：25 隻鳥。第二排是當週的《農民週報》廣告的影像：25 輛拖拉機。選擇圖片時，要確定你的邏輯和你選擇文字時的邏輯是一樣的：考慮對顧客的相關性，以及傳達銷售訊息的有效性。

專題討論

1 如果要用戲劇手法強調某個重點，你會用哪種詞性？

   a) 動詞

   b) 名詞

   c) 形容詞

2 如果要用戲劇手法強調產品效益，你會用以下哪種手法？

a) 動作

b) 行動

c) 張力

3 若要用戲劇手法強調高價格，可以用什麼技巧？

4 Watkins Wonder Widget 的功能比主要競爭對手強大 50%。這樣夠戲劇化嗎？

5 有一句與戲劇手法相關的口頭禪是：_____，不要只展現。

6 為什麼我們對影像如此買帳？

a) 因為我們的眼睛能夠處理高達 3 千萬種顏色

b) 因為網際網路縮短了我們的注意力廣度

c) 因為影像賦予人類進化的優勢

7 舉出文案寫手可增進影像威力的三種方法。

8 使用影像的主要目的是？

9 何時是使用圖庫影像的最好時機？

a) 當你時間或預算不足，因此無法取得原創照片或插圖時

b) 當原創性並非首要考量時

c) 用以搭配部落格貼文

10 沒有影像就不能銷售。對還是錯？

付諸行動

練習 69：有個東西正需要一個寫手

找一項你的產品。它最重要的效益是什麼？使用本章的三步驟方法，並用戲劇手法寫一篇文案。

練習 70：戲劇化的標題

根據上一題，撰寫文案的標題。第一個字用一個具有威力的動詞。

練習 71：喚起行動

接續上一題，運用戲劇手法繼續撰寫行動呼籲的文案。不要用「下訂購買」之類的話語。

練習 72：從心靈之眼到朋友之眼

撰寫說明性的文案，勾勒出地點、人或事物的詳細圖像。請朋友或同事閱讀文案，然後描述（更理想的做法是畫出）他們的「所見」。他們看到的影像，和你心中的想像有多接近呢？

練習 73：以視覺的方式來規劃

下次規劃撰寫文案時，一開始不要先想著用什麼字眼。先想圖像。撇開文字結構不說，在鍵入第一個字之前，先想想需要怎樣的圖像來讓你的文案充滿生命力。產品照片？人的照片（包準沒錯嗎）？分析圖？開始撰寫時也要同步搜尋圖片。記得要為每個所選圖像撰寫標題說明、替代標籤等等。

練習 74：影像就是一切

檢視你的網站裡所有的影像。它們擺放的用意何在？影像的內容為何？它們和你有什麼關係？要誠實作答。

Tweet：How are you doing? Tweet me @Andy_Maslen

結語
文案術 XYZ

據說畢卡索花了 10 年的時間學習像大人一般畫畫，餘生卻學習像個孩子般畫畫。我覺得他的意思是，基於他所受過的正規訓練，他才能開始自己真正的藝術教育——把學問知識擺在一邊，追求更深一層的真理。我也用屬於自己的棉薄之方法遵循他的典範，我在 20 幾歲時當一個文案新手，學到了：a) 一封推銷信的開頭的「正確」寫法（親愛的客戶）；b) 談論效益的「最佳」方法（在「購買產品 X 的效益」的標題下，列出產品重點）；以及 c) 參照讀者和寫手的「正確」比率（3 比 1）。我遵行這些指引很長一段時間，直到我發現要說服人們，還需要比文案術 ABC 更多的方法。

從此我開始探索寫文案的其他方法，不僅是為了獲得僱主或客戶的稱讚，我還需要更多方法。但隨著信心的增加（更重要的是，直覺都應驗了），我開始採取全新的工作法則。我稱它為文案術 XYZ。到現在你應該已經知道，文案術能發揮的效果不在於拘泥文法、百科全書的詞彙，而是對人性的了解和感受。

我一再重複強調一個問題：為什麼那麼多僱主、客戶、甚至是行銷人員都對於去探索本書說明的法則，非常小心和猶豫？當然不是所有人都是如此：有些人會使用文案寫作的文氏圖（Venn Diagram）中重疊的部分，其中一個橢圓形代表「『正確』的文案應該如何」，另一個則是「這是一般人會有反應的語言」。我覺得那些小心翼翼

的人是混合著懷疑和焦慮之情。懷疑在於：這些法則他們不熟悉或違反直覺，因此不會成功；而焦慮則是：試用新方法可能會失去業績，甚至丟了工作。當然，這些都是可以理解的。

要克服這層抗拒感，而不會讓你心臟病發或在董事會激辯的簡單方法是：測試。這也是我被別人挑戰時會用的方法。從最早期用打字機打出一字一句的廣告草創期，到直銷郵件、直接回應廣告和 scratch code 的黃金時期，到今天無限分類和可評量的數位行銷，測試一直都是文案寫手的最好朋友。無需孤注一擲，就用 5% 的預算就好。

文案測試的七大核心原則

在此值得來談談測試文案的原則。我所說的測試，是指可以科學性地控制的測試。七個核心原則是：

1 測試**假設**。在開始埋頭撰寫其他標題、行動呼籲及登錄頁的文案前，先決定你要測試什麼，以及希望達成的目標。例如：「我相信如果我們在登錄頁寫一個較為複雜的行動呼籲文案，會有更多人註冊接收我們的電子報。」

2 **同步**測試其他版本。若你週一傳送第一個電郵版本、週三傳第二版，可能點擊率會有所不同，但這可能是因為星期幾的緣故，而不是因為文案的不同。

3 從你的完整清單中選擇一些**樣本**，來測試你的假設。不要把你的完整清單分成兩半，找一半來做。萬一測試失敗，你不會希望 50% 的潛在顧客發現這個事實。

4 你的測試受眾要夠大，才能做出**具有統計顯著性**的結果。從一個 200 人的清單，測試組有 12 次點閱，而控制組有 14 次，這其實意義不大。

5 確保清單是**隨機拆分**。A/B 測試的名稱源自於接收訊息者輪流

收到測試組和控制組的訊息：A、B、A、B、A、B……

6 **一次只測試一個項目**。若一次測試不止一個項目，就要冒著和稀泥的風險，無法確知哪個測試要素帶來不同的結果。

7 先測試**重點**，再來了解細節。你應該先測試價格、優惠、文案長度和保證條款這些東西，再來談該用紅色按鈕或綠色按鈕比較好。

測試和嘗試不同。我還記得我曾提議一些較具攻擊性的新做法時，某資深經理一再告訴我：「我們10年前就用過這做法，沒用。」嘗試某件事卻不去控制其他變數，那就不是測試。

情感式文案的藝術與科學

你也許注意到本書中有些想法有點奇怪。它們彼此之間，以及和其他文案書所提出的意見之間都（看似）有所衝突，這些書甚至有些是我寫的。問題在於：

寫文案就和寫作一樣，是一種藝術，而不是科學。若你才華洋溢，你走這條路會比一味用功的人順利些。但是，無論你有沒有才華，重要的是寫作的兩件互相有關的事。第一，聲韻效果；第二，對讀者產生的效果。

大部分寫作方面的專家都認為，寫作的韻律比所呈現的面貌更重要。他們研究文法規則，也多多少少會遵守規範，但絕不當文法的奴隸。

簡單舉個例子。把「肩膀」（shoulder）一字當作動詞，早於1582年就有許多作家這麼使用。詩人威廉‧華茲渥斯（William Wordsworth）看到詩人塞繆爾‧泰勒‧柯立芝（Samuel Taylor Coleridge）在詩作中用了這個字，頓時佩服得五體投地。現在這個字當作動詞已被廣泛使用，但是學究派看到有人把名詞當動詞用，

都會嗤之以鼻。他們到底在想什麼？

本書旨在幫助你成為更棒的商業寫作者。在商言商，成果至關重要。所謂的成果，我指的是改變讀者的行為。你的讀者不會傾心於「完美」的文字世界（如果真有所謂的完美），重點是：你話語中的情感力量。有別於引擎、幫浦或電動馬達，一篇文案的力量並非由作者本身決定，而是使用者。

如果讀者感覺文字有氣無力，那就是有氣無力。

請和你的朋友分享本書

本書的工具、祕訣和技巧對於我個人來說價值匪淺，它們拉近了我和讀者雙方期望之間的距離。但願它們也能同樣幫助你。

請在（謹守版權法）的原則下盡情引述本書的內容，不過請務必註明論述的出處是本人。

如果你喜歡這本書，請到 Amazon 網站寫個書評，當作你最後的練習。

想要精益求精嗎？

最後，如果你想要取得更多的寫作協助，我有發行每月電子報、撰寫兩個部落格，並定期主持文案寫作課程。我也開發並主持遠距影片教學計畫「突破性文案寫作」，詳情請造訪網站：www.breakthrough-copywriting.com

也可以註冊訂閱我的每月電子報，進一步了解我的課程：www.copywritingacademy.co.uk

除此之外，我還是會繼續寫文案。想要更了解我的文案公司，以及我們如何幫助你賣更多產品，可參考 www.sunfish.co.uk

詞彙

A/B test（**A/B 測試**）探討兩篇文案或設計作品哪一篇更能發揮效用的方法。

above-the-line（**大眾媒體**） 傳統上行銷和廣告並不包括回應方式，例如訂購單、網址或 0800 服務電話。現在這道界線日益模糊，例如海報上也會刊登 QR code。

active voice（**主動語氣**） 主詞放在動詞前面所產生的句子。

advantage（**優勢**）與競爭對手或雷同產品相比下，產品效能比較好的情況。

AIDCA 規劃文案的結構之縮寫，即注意（Attention）、興趣（Interest）、渴望（Desire）、信念（Conviction）、行動（Action）。此縮寫源於 AIDA，代表注意（Attention）、興趣（Interest）、渴望（Desire）、行動（Action）。

alliteration（**頭韻**） 每個英文字的開頭都用相同英文字母（或發音相同字母）的文學技巧。

alt tags（**替代標籤**） 網頁或電子郵件中圖形「背後」的文字，只有在使用者沒有下載影像時才會顯示。

amygdala（**杏仁核**） 位於邊緣系統，長得像顆杏仁的小器官。

assumptive close（**假設成交**） 假設銷售已經成立，而要求顧客下訂單的做法。

B2B 企業對企業（例如：會計服務）。

B2C 企業對消費者（例如：化妝品）。

benefits（**效益**） 產品或服務能讓買方的生活過得更好。

brain stem（**腦幹**） 位於脊髓和邊緣系統之間的腦部位置。

bus-sides（**公車側邊**） 張貼在公車兩側的廣告。

call to action（行動呼籲）文案的一部分，旨在請讀者下訂單，或要求他們採取行動。

campaign（推廣活動）包含不止一個元素或執行作業的行銷計畫。

channel（通路）任何傳播溝通訊息的方式，例如：電視、貼文、網際網路。

Charlotte Street（夏洛特街）倫敦西區的街道，1980 年代時廣告公司林立，最知名的包括 Saatchi & Saatchi。

clickthrough（點擊）網路使用者點選連結（尤其是廣告）的行為。

clickthrough rate（點擊率）顯示廣告時所獲得的點選次數，再換算成百分比。

content marketing（內容行銷）一種行銷方式，其中涉及提供免費資訊，以爭取潛在顧客的信任。

control（控制組）在 A/B 測試中，至今為止表現最佳的文案。它會再拿去和新文案（測試組）進行比較。

conversion rate（轉換率）接到的訂單數，並以點擊數為基礎，換算成百分比。

digital natives（數位原住民）知道什麼是主題標籤，而不知道傳真機的族群。

direct mail（直銷郵件）商業組織、慈善團體等寄送給郵件清單目標對象的信件，旨在銷售、勸募或要求支持。

direct marketing（直效行銷）任何類型的行銷手法，並以個人（消費者或商務人士）為目標對象而傳播訊息。

direct response（直接回應）基本上和直效行銷相同，套用於文案時指的是期待潛在顧客採取行動，例如回傳優惠券，或點選連結。

empathy（感同身受）感覺他人感受的能力。

endorsement（代言）請知名人士讚揚公司、產品或服務。

feature（特色／功能）描述產品或服務的性質，或它包含什麼的一個行銷用語。

fMRI–functional magnetic resonance imaging（功能性磁振造影）即時顯示腦部活動的電腦掃描技術。

hashtag（主題標籤）Twitter 上以「#」顯示關鍵字，以便將推文分類。

html 超文本標記語言（hypertext markup language）的縮寫。

hyperlink（超連結）網頁或電子郵件中的文字或影像，可連結至另一網頁。

hypertext（超文本）網頁或電子郵件中充當超連結的文字或句子。

imperative mood（祈使語氣）下指令或指示該做什麼的句子形式，例如：
　立即訂購。

infographic（資訊圖表）混合字，是指圖形同時包含資訊，常用於內容行
　銷者（過去稱為 diagram）。

landing page（登錄頁）帶有具體銷售目的的網頁，瀏覽者點選線上或電子
　郵件廣告活動或特定內容的連結就會到達此處。

library images（圖像庫）也稱為 stock photos，也就是商用影像。

limbic system（邊緣系統）內含獨立器官的腦部位置，其中包括杏仁核、
　下丘腦和嗅球。

logos（邏輯）修辭學論述中的智性部分。

Madison Avenue（麥迪遜大道）紐約街道名，廣告公司林立。

Maslow's 'hierarchy of needs'（馬斯洛的「需求層級理論」）由馬斯洛提
　倡的以金字塔圖形說明人類的需求。

metre（韻律）句子的節奏感。

multimedia（多媒體）網站內所有非文字的資訊，例如影片、音訊、動畫、
　照片等。

neurons（神經元）腦細胞。

NLP 神經語言程式學（Neuro-Linguistic Programming）的縮寫。

olfactory bulbs（嗅球）邊緣系統中負責嗅覺的細小器官。

orbito-frontal cortex, OFC（眶額皮質）負責驅動制訂決策的腦部位置。

palaeomammalian（古哺乳動物）也就是遠古的哺乳類動物。

Pathos（情感）修辭學論述中的情感部分，讓人們對其論述產生情感。

pedant（**學究**）心胸狹窄的人，以指出他人的過錯為樂。

persona（**角色**）用文字描述出公司典型顧客的個性特質。

plasticity (brain)（**大腦可塑性**）大腦使用不同區域重新學習不同功能的能力，有時可在中風或其他腦損傷患者的身上看到。

point of pain（**痛點**）讓潛在顧客半夜三點還睡不著覺的事。

pre-frontal cortex（**前額葉皮質**）腦部的「灰色物體」，負責高層次的思考。

register（**正式程度**）文章、文字的正式程度。

resonance（**共鳴**）文章引用既有的故事、想法、人物或話語之重要意義的文學技巧。

scanning（**瀏覽**）關於挑選標題和影像的一種閱讀策略。

spinal cord（**脊髓**）神經系統的一部分，在脊椎內流動。

staff turnover（**員工流動率**）每年員工離職的百分比。

statistically significant（**統計顯著性**）無法歸因於隨機變異的結果差異。

strapline（**標語**）口號或品牌主張

test（**測試組**）A/B 測試中，用一篇新文案去和與控制組文案進行比較。

test cell（**測試受眾**）用於 A/B 測試的一部分郵寄名單。

UBC, ultra-brief copy（**超簡短文案**）例如推文、主題列、替代標籤或圖片說明。

專題討論的解答

第 5 章：情感文案術的力量：進一步說服你的潛在顧客

1 邊緣系統和眶額皮質。

2 人們僅根據情感制訂決策，再用資訊驗證其決策。

3 制訂決策時，情感是一種反饋機制。

4 錯。您可以寫出訴諸情感的文字，卻對主題毫無強烈感受。

5 潛在顧客正在感受的情感，名為穩定狀態情感。

6 情感對人類非常重要，因為它們帶來進化上的優勢。

7 人類的六種主要情感是：快樂、傷心、厭惡、憤怒、恐懼和驚訝。

8 有許多種次要（社交）情感，包括：自信、羨慕和內疚。

9 自我主義不是第三級（背景）情感。

10 錯。所有行銷人員都需要考慮其顧客的情感。

第 6 章：在強調「效益」前，可使用的三個好點子

1 錯。承諾不應詳細說明如何實現你答應做到的事。承諾本身只是一個鉤子。

2 錯。你必須信守承諾。

3 由你承諾的方式所觸發的是：好奇心。

4 承諾是維繫社會密切結合的要素。

5 你向讀者下達命令的撰寫風格稱為：祈使語氣。

6 稀有性是讓人天生就渴望祕密的原因。

7 「prurience」（好色）的英文字根是「癢」。

8 對。她是個收入六位數的文案寫手。但她不告訴你是怎麼做到的
是一個涉及祕密的標題。

9 DLS 是「骯髒小祕密」（Dirty Little Secrets）的縮寫。

10 得知祕密可滿足我們對於歸屬感和社會地位的需求。

11 對話不是故事的關鍵元素。

12 聽故事時，我們的邊緣系統會作出回應。

13 你要用英文文法中的現在式，來撰寫杜撰的故事。

14 說故事的技巧包括：精簡風格、對話、驚訝、故事細節、人物素描、
懸疑和英文的現在式。還有其他元素。

15 是行動，驅動了故事的發展。

第 7 章：透過文案培養顧客感同身受的強效流程

1 所謂的 5P 是：個人（Personal）、愉快（Pleasant）、專業（Professional）、
平鋪直敘（Plain）、說服力（Persuasive）。

2 你創造的人物是所謂的角色（Persona）。

3 對。你可以寫出個人化文案卻無需針對個人。

4 絕對不可向讀者展示，你正在為不只一個人寫作。

5 應該在句子裡越常使用「你」字越好。

6 約翰・卡普斯用「疝氣」兩字作為緩解疝氣廣告的標題。

7 想要找更好捕鼠器的人希望家裡沒有老鼠。

8 約瑟夫・休格曼說標題的唯一目的是要讀者繼續讀下去。

9 功能清單是你無法在這種文案風格中使用的方法。

10 你的潛在顧客最有可能在凌晨 3 點時擔心他們的問題。

11 讀者會問你的問題包括：

　　– 你為什麼要見我？

　　– 你想要談些什麼？

　　– 我怎麼知道能不能信任你？

　　– 你要怎樣讓我的日子過得更好？

　　– 你能證明它做得到嗎？

　　– 它幫助過誰？

　　– 我要怎樣取得它？

　　– 萬一我不喜歡它呢？

12 抄寫（amanuensis）的意思是作者的助理。

13 大衛・奧格威和約翰・卡普斯是擁護「說什麼比怎麼說還重要」文案風格的粉絲。

14 你必須尋找讀者感興趣的事物。

15 最能深入探索熱中賽馬的人的地方是賽馬場。

第 8 章：文案術駭客：阿諛奉承，通行無阻

1 阿諛奉承迎合人類自尊心的需要。（還有他人的自尊心。）

2 運用阿諛奉承的理想位置是在一開頭的時候

3 對。阿諛奉承只有在適合於讀者時，才能發揮作用。

4 班傑明・迪斯雷利說，談到對皇室家族阿諛奉承，你應該用抹刀，使勁兒厚厚地抹上去。

5 談到「令人喜歡」，羅伯・席爾迪尼斷言，我們更有可能聽從做這三件事的人：讓我們笑、讚美我們和外表具有吸引力。

6 人們喜歡被升等是因為這會讓他們自我感覺良好。

7 「常客俱樂部」這個名稱不太能用在奢華商品的計畫。太明顯的交易意味。

8 昂貴產品物有所值；但高價不是。

9 若顧客抱怨價格，你還沒有向他們展現價值。

10 最能利用奢華優惠權益的產品是需要略花一些成本生產，但定價高昂的產品。

第 9 章：寫出感情豐富的文案之古希臘祕密

1 邏輯指的是您的論述。

2 亞里斯多德曾諮詢以戰士聞名的國王是亞歷山大大帝。

3 「我有一些單純想跟你分享的東西」，這個訴求的基礎是情感。

4 對。推進邏輯論述，能提升你在讀者眼中的個性。

5 如果效益都來自於情感，那麼功能就是邏輯。

第 10 章：社群媒體文案術和人脈關係

1 人們熱愛社群媒體是因為人是社交動物。

2 社群媒體貼文的黃金法則是：如果是你不想在公司布告欄上看到的東西，就不要上網談論它。

3 如果你的關注者看得出你在開玩笑，那麼貼些不完全真實的事也 OK。

4 你應依照公司所說，盡量遵循其品牌指導方針。

5 錯。舊有的商業原則依然適用。

6 電子郵件的主題列，理想的英文字元數是 29–39

7 依作者的經驗，主題列的 A/B 測試，內含人名似乎會增加開啟率。

8 驅動「點擊誘餌標題」背後的是好奇心。

9 最好在超簡短文案中多使用句號。

10 考慮關鍵字要放在開頭，再考慮文案長度、問號、說故事的方式、話語標記和承諾的話，最好的是：
背痛？試試這種「荒謬」的療法。

第 11 章：請讀者採取行動：成交的祕密

1 在行動呼籲中使用「如果」暗示了寫作者心裡存疑。

2 是的，可以在行動呼籲中運用情感。

3 撰寫行動呼籲的最好時機是在一開始寫文案的時候。

4 對。撰寫行動呼籲的最好方法是從顧客的角度著手。

5 購買和其他詞彙不同：它不是情感詞彙。

第 12 章：平衡享樂與利潤：寫出絕佳文案的五大技巧

1 韻律指的是文案的節奏。

2 頭韻指的是兩個或以上的連續字詞以相同的字母開始。

3 錯。你不用把句子限制在五到八個英文字之間。

4 對。暗喻和明喻都是視覺語言的形式。

5 Sex（性）能吸引讀者的注意。

6 意外的重複是壞事，因為它會讓讀者分心。

7 理想的重複組合是三次。

8 錯。重複可用於單字、語音、首字母，以及完整片語。

9 當你刻意重複時，讀者會體認到文字的模式。

10 最早在論述中故意運用重複法的是古希臘人。

11 在修辭法周圍加上引號是個壞習慣，因為它會讓人注意到你的寫作，卻遠離了你的訊息。

12 刪除那些讓我們愉快的文字，叫做謀殺你的情人（murder your darlings）。

13 當你想讓讀者大笑時，可以在文案中運用幽默。

14 你只應該為顧客寫作。

15 對。可以這麼說。只是沒有必要。

第 13 章：如何發揮想像力、釋放創意

1　可用來準備進行創意思考的測試是：操場測試、使用者測試、「我知道自己在說什麼嗎？」測試，以及規劃測試。

2　產生新想法的技巧包括：單字連結、文字遊戲和列出文化參考資料。

3　在把想法寫下來之前，你絕對不能評斷它。

4　你可以改變時間、地點或素材，以激發新想法。

5　使用鉛筆和紙能讓思維更具創意，因為它們讓你拋開空白電腦螢幕的操縱，以及書寫比敲打鍵盤會用到更多肌肉，也可更快速地隨筆記下想法和影像，即使你把這些東西都劃掉，你還是可以看到它們。

6　要展現，不要說。

7　形容詞是用來增加資訊，而不是強調。

8　安東‧契訶夫（Anton Chekhov）說：「別告訴我那是夜晚；展現給我看月亮反射在玻璃上。」

9　錯。你不需要充滿情感才能傳達情感。

10　錯。B2C（企業對消費者）和 B2B（企業對企業）的文案寫手都能從試用自己銷售的產品中獲益。

第 14 章：文案的語氣和技巧：找到你的說話口吻

1　寫作的語氣的要素包括：句子長度、外來字詞、長單字、附加問句、人稱代名詞、老派名詞、俚語、行話、標點符號、語意註釋、混合語調、文學參照、機智 / 幽默、刻意用些糟糕文法、孩子氣的措詞、收斂取代大聲宣揚、大聲宣揚取代收斂、態度和超現實。

2　只要適度使用，就是不錯的做法。

3　應該隱身不被讀者看見時，就應避免使用與眾不同的語氣。

4　可讓你看似有教養的技巧包括：句子長度（長）、使用標點符號（複雜）、外來字詞、長單字和文學參照。

5　看似有趣的技巧包括：語意註釋、混合語調、機智／幽默、刻意用些糟糕文法、孩子氣的措詞和超現實。

6　判斷文章語氣的最簡單方法是大聲閱讀內容。

7　錯。只有在溝通感受或態度時，才是只有 7% 的意義是透過所用的字詞來傳達。

8　錯。真誠不是一種語氣。

9　讓語氣看似更友善的技巧包括：使用個人用語、日常用語和簡單的語法。

10　喚起感情比較好。

第 15 章：為你的銷售注入生命力：一個古老的方法

1　如果要用戲劇手法強調某個重點，要用動詞。

2　如果要用戲劇手法強調產品效益，要用行動手法。

3　用戲劇手法強調高價，可以把它除以 365（一年的天數），然後再和一般日常採購的價格進行比較。

4　Watkins Wonder Widget 的功能比主要競爭對手強大 50%。這並沒有用戲劇手法。比較好的是：Watkins Wonder Widget 可支援六匹馬的力量，而和我們最接近的競爭對手只達到四匹馬。

5　要涉入，不要只展現。

6　我們對影像如此買帳是因為：它幫助我們尋找食物和伴侶，以及躲避掠食者，因而帶來了進化優勢。

7　文案寫手可在影像裡增添字幕、替代標籤、下載指示說明，或手寫評語。

8　影像旨在吸引注意力。

9 在這三種狀況下使用圖庫影像都是不錯的做法：當原創性不重要、時間或預算不足以取得原創影像，或搭配部落格貼文。

10 錯。沒有影像也可以銷售。

你的表現如何？

算算你答對了幾題。要對自己慷慨一點：如果你相信你的答案比我好，或跟我的一樣好，記得要給自己加分。

把你答對的總數除以 125，再乘以 100。

這就是你的得分。分數越高越好。

Tweet: Why not tweet your score to me @Andy_Maslen using the hashtag #HeyAndy

本書所有個案研究的文案是由 Sunfish 文案寫作公司的安迪・麥斯蘭或約爾・凱利所撰寫，除了 Quad（第 14 章）是由住在美國芝加哥的自由文案寫手 Natalie Mueller 所寫；CareSuper（第 14 章）是由位於澳洲南亞拉（South Yarra）的 Wellmark 公司的文案主管 Ryan Wallman 博士所寫；Lidl（前言）則是由 Jeremy Carr 與 TBWA\The Disruption Agency 的團隊聯合創作。

參考書目

Barden, P (2013) *Decoded*, Wiley

Bird, D (1999) *Commonsense Direct Marketing*, Kogan Page, London

Bird, D (1994) *How to Write Sales Letters That Sell*, Kogan Page, London

Bly, R (2006) *The Copywriter's Handbook*, Henry Holt & Company, LLC, New York

Borg, J (2007) *Persuasion*, Pearson Education, Harlow

Burchfield, R W (2004) *Fowler's Modern English Usage*, Oxford University Press

Calne, D B (2000) *Within Reason*, Vintage, London

Caples, J (1998) *Tested Advertising Methods*, Prentice Hall, Parabus

Carey, G V (1971) *Mind the Stop*, Cambridge University Press

Chalker, S and Weiner, E (1994) *The Oxford Dictionary of English Grammar*, Oxford University Press

Cialdini, R (2000) *Influence*, HarperCollins, New York

Cochrane, J (2004) *Between You and I*, Icon Books, Cambridge

Crystal, D (2003) *The Cambridge Encyclopedia of the English Language*, Cambridge University Press

Crystal, D (2002) *The English Language*, Cambridge University Press

Damasio, A (2000) *Feeling of What Happens*, Vintage, London

The Economist Style Guide, Profile, London

Fraser-Robinson, J (1989) *The Secrets of Effective Direct Mail*, McGraw-Hill Book Company, Maidenhead

Gill, E (1993) *An Essay on Typography*, David R Godine, Boston

Gowers, E (1987) *The Complete Plain Words*, Penguin, London

Hopkins, C C (1998) *Scientific Advertising*, NTC Business Books, Lincolnwood

Humphrys, J (2011) *Lost for Words*, Hodder, London

King, G (2009) *Punctuation*, HarperCollins, Glasgow

King, S (2001) *On Writing*, Oxford University Press, Oxford

Knight, D (1997) *Creating Short Fiction*, St Martin's Griffin, New York

Knowles, E (1999) *The Oxford Dictionary of 20th Century Quotations*, Oxford University Press

Knowles, E (2009) *The Oxford Dictionary of Quotations*, Oxford University Press

Kobs, J (1992) *Profitable Direct Marketing*, NTC Business Books, Lincolnwood

Martin, S J, Goldstein, N J and Cialdini, R B (2014) *The Small Big*, Profile Books, London

Masterson, M and Forde, J (2011) *Great Leads*, American Writers and Artists, Inc, Delray Beach

McCorkell, G (1990) *Advertising That Pulls Response*, McGraw-Hill, Maidenhead

Ogilvy, D (2011) *Confessions of an Advertising Man*, Southbank, London

Ogilvy, D (2007) *Ogilvy on Advertising*, Prion, London

Ogilvy, D (1988) *The Unpublished David Ogilvy*, Sidgwick & Jackson, London

Partridge, E and Whitcut, J (1997) *Usage and Abusage*, Penguin, London

Room, A (1993) *Brewer's Dictionary of Phrase and Fable*, Cassell, London

Schwab, V (1985) *How to Write a Good Advertisement*, Harper & Row, New York

The Shorter Oxford English Dictionary (2002), Oxford University Press

Shotton, R (2018) *The Choice Factory*, Harriman House

Stein, S (1999) *Solutions for Writers*, Souvenir Press, London

Stone, B and Jacobs, R (2007) *Successful Direct Marketing Methods*, McGraw-Hill, New York

Strunk Jr, W and White, E B (1999) *The Elements of Style*, Allyn & Bacon, Needham Heights

Sugarman, J (2006) *The Adweek Copywriting Handbook*, John Wiley & Sons, Hoboken, New Jersey

Truss, L (2003) *Eats, Shoots and Leaves*, Profile, London

Waite, M (2004) *Oxford Thesaurus of English*, Oxford University Press

Weiner, E S C and Delahunty, A (1994) *The Oxford Guide to English Usage*, Oxford University Press

Weintz, W (1987) *Solid Gold Mailbox*, John Wiley & Sons, London

Wheildon, C (2005) *Type and Layout*, Prentice Hall, Paramus

Zyman, S (2002) *The End of Advertising As We Know It*, John Wiley & Sons, Hoboken, New Jersey

國家圖書館出版品預行編目資料

高說服力的文案寫作心法：為什麼你的文案沒有
效？教你潛入顧客內心世界,寫出真正能銷售的
必勝文案！／安迪.麥斯蘭（Andy Maslen）著；
李靈芝譯. -- 初版. -- 臺北市：經濟新潮社出版：
英屬蓋曼群島商家庭傳媒股份有限公司城邦分公
司發行, 2020.12
　　面；　公分. --（經營管理；165）
譯自：Persuasive copywriting : cut through the
　　　　noise and communicate with impact

ISBN　978-986-99162-9-5（平裝）

1. 廣告文案　2. 廣告寫作　3. 銷售

497.5　　　　　　　　　　　　　　109020423